中等职业教育改革创新示范教材

数控设备及 电加工技术

海南省工业学校　组编

主　编　钟卓军

副主编　陈培群

参　编　赵建华

主　审　王业端

机械工业出版社

本书分为五个模块，分别是特种加工及其发展概述、电火花线切割机床概述、电火花成形加工机床、数控设备的结构、数控设备的应用和维护。每个模块以若干项目展开介绍，分别含有相关理论和工艺、编程方法和技巧、机床操作等内容。

　　本书适合作为中职学校数控技术应用专用教材，也可作为相关岗位培训用书。

图书在版编目（CIP）数据

数控设备及电加工技术/钟卓军主编；海南省工业学校组编. —北京：机械工业出版社，2015.1
中等职业教育改革创新示范教材
ISBN 978-7-111-49140-8

Ⅰ.①数… Ⅱ.①钟…②海… Ⅲ.①数控机床-电火花加工-中等专业学校-教材 Ⅳ.①TG661

中国版本图书馆 CIP 数据核字（2015）第 002790 号

机械工业出版社（北京市百万庄大街 22 号　邮政编码 100037）
策划编辑：张云鹏　责任编辑：张云鹏　王海霞　责任校对：薛　娜
封面设计：路恩中　责任印制：李　洋
三河市国英印务有限公司印刷
2015 年 2 月第 1 版第 1 次印刷
184mm×260mm · 7.5 印张 · 169 千字
0001— 3500 册
标准书号：ISBN 978-7-111-49140-8
定价：22.00 元

前　言

　　本书是针对数控技术应用专业课程体系的特点及数控设备的种类和特点而编写的，是国家中等职业教育改革发展示范学校建设成果之一，适用于中职学校数控技术应用专业。

　　本书分为五个模块，分别是特种加工及其发展概述、线切割机床概述、电火花成形加工机床、数控设备的结构、数控设备的应用和维护。每个模块以若干项目展开介绍，分别含有相关理论和工艺、编程方法和技巧、机床操作等内容。

　　本书总课时为64个学时，其中理论部分大约占60%，实践部分大约占40%，建议采用理实一体化模式进行教学。

　　本书由钟卓军任主编，陈培群任副主编，赵建华参加了本书的编写。全书由海南省特级教师王业端主审，他为本书提出了许多宝贵的建议。

　　在本书的编写过程中，编者参阅了有关资料、文献和兄弟院校使用的教材，得到了校领导和机械教学部其他同事的指导和支持，在此一并表示感谢。

　　由于编者水平有限，加之时间仓促，书中难免有错漏或不足之处，恳请读者批评指正。

编　者

目　录

模块一　特种加工及其发展概述

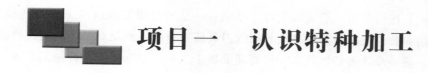

项目一　认识特种加工

任务一　特种加工的定义与分类

一、特种加工的由来

瓦特早在18世纪70年代就发明了蒸汽机，但为何到19世纪蒸汽机才得以应用？因为无法制造出高精度的蒸汽机气缸，所以无法推广应用。直到有人创造和改进了气缸镗床，解决了蒸汽机主要部件的加工工艺，才使蒸汽机得到广泛应用，引起了第一次世界性的产业革命。冷战时期，前苏联用从日本东芝公司"购买"的大型三坐标数控铣床加工出高精度潜艇用螺旋桨，其噪声大大降低，使美国设在全球的侦听网失效，不得不花费大量经费与时间来研制新的侦听设备。为此，美国政府对东芝公司进行制裁，不允许东芝公司在相当长的一段时间内进入美国市场。如果你是IT迷，一定对0.13μm不陌生，21世纪计算机产业之所以能够高速发展，很重要的因素就是超大规模集成电路制造技术的不断进步。以上所述都归功于新技术、新加工方法的出现。

机械加工在推动人类的进步和社会的发展中起到了重大的作用，从第一次产业革命到第二次世界大战前的150多年里，人类都单纯地依靠机械切削来加工零件，即用传统的机械能和切削力去除金属。机械加工本质和特点如下：

1）刀具材料比工件硬。

2）靠机械能切除工件上的多余材料。

3）切削这么硬的材料，车刀很快就会崩刃。

1943年，苏联的拉扎林柯夫妇偶然发现电火花的瞬时高温可使金属融化和汽化，由此发明了电火花加工技术。这是人类首次摆脱传统的切削加工，直接利用电能和热能去除金属的"特种加工"。

第二次世界大战后，特别是进入21世纪以来，随着机械加工技术、材料科学、高新技术的飞速发展和激烈的市场竞争，以及尖端国防及科学研究的需求，不仅新产品更新换代的速度日益加快，而且要求产品具有很高的强度重量比和性能价格比，并朝着高速度、高精度、高可靠性、耐蚀、耐高温高压、大功率、尺寸大小两极分化的方向发展。为此，各种新材料、新结构、形状复杂的精密零件大量涌现，对机械制造业提出了一系列迫切需要解决的新问题。

1）各种难切削材料的加工问题，如硬质合金、钛合金、耐热钢、金刚石、宝石等。

2）各种特殊复杂表面的加工问题，如各种结构形状复杂、尺寸或微小或特大、精密零件等的加工，具体例子有喷气涡轮机叶片、巡航导弹整体涡轮、各种模具、特殊截面的型孔、喷丝头等。

3）具有特殊要求零件的加工问题，如薄壁、细长轴等低刚度零件，弹性元件等特殊零件的加工等。

为了解决上述问题，人们采取了以下办法：一是通过研究高效加工的刀具和刀具材料，自动优化切削参数，提高刀具可靠性和在线刀具监控系统，开发新型切削液，研制新型自动机床等途径，进一步改善切削状态，提高切削加工水平；二是采用特种加工方法。特种加工（Non-traditional Machining）方法就是借助电能、热能、声能、光能、电化学能、化学能及特殊机械能等多种能量，或将其复合施加在工件的被加工部位上，从而实现材料的去除、变形、改变或镀覆等非传统加工方法的统称。特种加工技术主要包括激光加工技术、高压水射流加工技术、电子束加工技术、离子束及等离子技术等。

近年来，特种加工技术飞速发展，一方面，计算机技术、信息技术、自动化技术等在特种加工中已获得广泛应用，逐步实现了加工工艺及加工过程的系统化集成；另一方面，特种加工能充分体现学科的综合性，即学科（声、光、电、能、化学等）和专业之间的不断渗透、交叉、融合。因此，特种加工技术本身同样趋于系统化、集成化的发展方向。这两方面说明，特种加工已成为先进制造技术的重要组成部分。一些发达国家非常重视特种加工技术的发展。例如，日本把特种加工技术和数控技术作为跨世纪发展先进制造技术的两大支柱。特种加工技术已成为衡量一个国家制造技术水平和能力的重要标志。特种加工实例如图 1-1 所示。

自 20 世纪 50 年代以来，随着生产和科学技术的迅速发展，我国很多工业部门，尤其是国防工业部门，要求尖端科技产品向高精度、高速度、耐高温、耐高压、大功率、小型化等方向发展，对机械制造部门提出了各种难切割材料，各种特殊复杂表面和各种超精、光整或具有特殊要求零件的加工问题。要解决上述一系列工艺问题，仅仅依靠传统的切削方法很难实现，甚至根本无法实现。工艺师借助各种能量形式，探寻新的工艺途径，于是各种异于传统切割加工方法的新型特种加工应运而生。特种加工技术在国际上

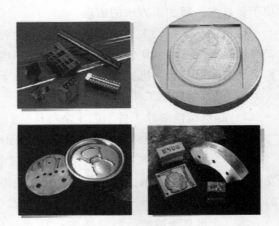

图 1-1　特种加工实例

被称为 21 世纪的技术，主要用以解决工业制造中用常规方法无法实现的加工难题，对于军工制造业的发展起着举足轻重的作用。

二、特种加工方法分类

特种加工方法一般按能量来源及形式、作用原理进行分类，见表 1-1。

表 1-1　常用特种加工方法分类

特种加工		能量来源及形式	作用原理	英文缩写
电火花加工	电火花成形加工	电能、热能	融化、汽化	EDM
	电火花线切割加工	电能、热能	融化、汽化	WEDM

（续）

特种加工		能量来源及形式	作用原理	英文缩写
电化学加工	电解加工	电化学能	金属离子阳极溶解	ECM（ELM）
	电解磨削	电化学、机械能	阳极溶解、磨削	ECM（ECG）
	电解研磨	电化学、机械能	阳极溶解、磨削	ECH
	电铸	电化学能	金属离子阴极沉积	EFM
	涂镀	电化学能	金属离子阴极沉积	EPM
激光加工	激光切割、打孔	光能、热能	融化、汽化	LBM
	激光打标记	光能、热能	融化、汽化	LBM
	激光处理、表面改性	光能、热能	融化、相变	LBM
电子束加工	切割、打孔、焊接	电能、热能	融化、汽化	EBM
离子束加工	蚀刻、镀覆、注入	电能、动能	原子撞击	IBM
等离子弧加工	切割（喷镀）	电能、热能	融化、汽化（涂覆）	PAM
物料切蚀加工	超声加工	声能、机械能	磨料高频撞击	USM
	磨料流加工	机械能	切蚀	AFM
	液体喷射加工	机械能	切蚀	FJM
化学加工	化学铣削	化学能	切蚀	CHM
	化学抛光	化学能	腐蚀	CHP
	光刻	光能、化学能	腐蚀	PCM
快速成形	液相固化法	光能、化学能	增材法加工	SL
	粉末冶金法	光能、热能		SLS
	制片叠层法	光能、机械能		LOM
	熔丝堆积法	电能、热能、机械能		FDM
复合加工	电化学电弧加工	电化学能	融化、汽化腐蚀	ECAM
	电解电火花机械磨削	电能、热能	离子转移、融化、切割	ESMG
	电化学腐蚀加工	电化学能、热能	融化、汽化腐蚀	ECCM
	超声加工	声能、热能、电能	融化、切蚀	EDM-UM
	电解机械抛光	电化学能、机械能	切蚀	ECMP
	超声切削加工	机械能、声能、磁能	切蚀	UVC

特种加工根据加工原理和特点来分类，可以分为去除加工、结合加工和变形加工，见表1-2。

表1-2 特种加工按加工原理和特点分类

分 类	加工成形原理	主要加工方法
去除加工	电物理加工	电火花线切割加工、电火花加工
	电化学加工、化学加工	电解加工、蚀刻（电子束曝光）、化学机械抛光
	力学加工（力溅射）	超声加工、离子溅射加工、等离子体加工、磨料喷射加工、超高压水射流加工、电子束加工、激光加工
	热物理加工（热蒸发、热扩散、热溶解）	

（续）

分 类	加工成形原理		主要加工方法
结合加工	附着加工	化学	化学镀、化学气相沉积
		电化学	电镀、电铸
		热物理(热熔化)	真空蒸镀、融化镀
		力物理	离子镀(离子沉积)、物理气相沉积
	注入加工(渗入加工)	化学	氧化、渗氮、活性化学反应
		电化学	阳极氧化
		热物理(热熔化)	晶体生长、分子束外延、渗杂、渗碳
		力物理	离子束外延、离子注入
	连接加工	热物理、电物理化学	激光焊接、快速成形加工、化学粘接
变形加工(流动加工)	热流动、表面热流动		塑性流动加工(气体火焰、高频电流、热射线、电子束、激光)
	黏滞流动		液体流动加工(金属、塑料、橡胶等注塑或压铸)，液晶定向
	分子定向		

去除加工又称为分离加工，是从工件上去除多余的材料的加工方法，如金刚石刀具精密车削、精密磨削、电火花加工、电解加工等。

结合加工是利用理化方法将不同材料结合在一起的加工方法。它按结合的机理、方法、强弱，又可以为附着加工、注入加工和连接加工三种。附着加工又称沉积加工，是在工件表面上覆盖一层物质，属于弱结合，如电镀、气相沉积等。注入加工又称渗入加工，是在工件的表层注入某些元素，使之与工件基体材料产生物化反应，以改变工件表层材料的力学性能，属于强结合，如表面渗碳、离子注入等。连接加工是将两种相同或不同的材料通过物化方法连接在一起，如焊接、粘接等。

变形加工又称为流动加工，是利用力、热、分子运动等手段使工件产生变形，改变其尺寸、形状和性能，如液晶定向。

目前，特种加工技术已成为先进制造技术中不可缺少的分支，在难切割、复杂型面、精细表面、优质表面、低刚度零件及模具加工等领域中已成为重要的工艺方法。

总体而言，特种加工可以加工任何硬度、强度、韧性、脆性的金属或非金属材料，且专长于复杂、微细表面和低刚度零件的加工，同时，有些方法还可以进行超精加工、镜面光整加工和纳米加工。

外因是条件，内因是根本，事物发展的根本原因在于事物的内部。特种加工之所以能产生和发展，其内因在于它具有切削加工所不具有的本质和特点。同时，也充分说明"三新"（新材料、新技术、新工艺）对新产品的研制、推广和社会经济发展起着重大的推动作用。

任务二　特种加工的特点及其对机械制造领域的影响

一、特种加工的特点

与常规机械加工方法相比，现代特种加工具有如下特点：

1. 主要用机械能以外的其他能量去除金属材料

有些加工方法，如激光加工、电火花加工、等离子弧加工、电化学加工等是利用热能、化学能、电化学能等去除多余材料。这些加工方法在加工范围上不受材料物理、力学性能的限制，能加工硬、软、脆、耐热或耐蚀、高熔点、高强度、具有特殊性能的金属和非金属材料。

2. "以柔克刚"，非接触加工

特种加工不一定需要工具。有的要使用工具，但与工件不接触，加工时不受工件强度和硬度的制约，工件不承受大的作用力，加工过程中工具和工件间不存在机械切削力，故可加工超硬材料和精密微细零件，以及刚性极低的元件和弹性元件，甚至工具材料的硬度可低于工件材料的硬度。

3. 易于加工比较复杂的型面、微细表面及柔性零件

有些特种加工，如超声加工、电化学加工、水射流加工、磨料流加工等，其加工余量都是微细的，故不仅可加工尺寸微小的孔或狭缝，而且能获得较高精度、较低表面粗糙度值的加工表面。

4. 两种或更多种不同类型的能量可相互组合形成新的复合加工

各种加工方法的任意复合可扬长避短，形成新的复合工艺方法，更突出其优越性，便于扩大应用范围。近年来，复合加工方法发展迅速，应用十分广泛。目前，许多精密加工和超精密加工方法采用了激光加工、电子束加工、离子束加工等特种加工工艺，开辟了精密加工和超精密加工的新途径。

5. 加工能量易于控制和转换，加工范围广，适应性强

特种加工中的能量易于转换和控制，工件在一次装夹中可实现粗、精加工，有利于保证加工精度，提高生产率。

6. 向精密加工方向发展

当前已出现了精密特种加工，许多特种加工方法同时又是精密加工方法、微细加工方法，如电子束加工、离子束加工、激光束加工等就是精密特种加工。精密电火花加工的加工精度可达 $0.5 \sim 1\mu m$，表面粗糙度值可达 $Ra0.02\mu m$。

7. 用简单运动加工复杂型面

特种加工技术只需简单的进给运动即可加工出三维复杂型面，故已成为加工复杂型面的主要加工手段。

8. 不产生宏观切屑，可以获得良好的表面质量

特种加工不产生强烈的弹、塑性变形，残余应力、热应力、热影响区、冷作硬化等均比较小，尺寸稳定性好，不存在加工中的机械应变或大面积的热应变，热影响区及毛刺等表面缺陷均比机械切割表面小。

由于特种加工技术具有其他常规加工技术无法比拟的优点，故其在现代加工技术中，占有越来越重要的地位。例如，表面粗糙度值小于 $Ra\,0.01\mu m$ 的超精密表面加工，非采用特种加工技术不可。此时，特种加工已经成为必要的手段，甚至是唯一的手段。如今，特种加工技术的应用已遍及民用和军用的各个加工领域。

当前，虽然传统加工方法仍是主要的加工手段，但由于特种加工的迅速兴起，不仅出现了许多新的加工原理，而且出现了各种复合加工技术，从而提高了加工精度、表面质量和加工效率，扩大了应用范围。

二、特种加工的地位和作用

特种加工技术已经成为在国际竞争中取得成功的关键技术。发展尖端技术、国防工业、微电子工业等，都需要特种加工技术来制造相关的仪器、设备和产品。人们在制造业自动化领域已经进行了大量有关计算机辅助制造软件的开发工作，如计算机辅助设计（CAD）、计算机辅助工程分析（CAE）、计算机辅助工艺过程设计（CAPP）、计算机辅助加工（CAM）等，又如面向装配的设计（DFA）、面向制造的设计（DPM）等，统称为面向工程的设计（DFX）；同时进行了计算机集成制造技术（CIM）、生产模式（如精良生产、敏捷制造、虚拟制造及绿色制造）等研究，这些都是十分重要和必要的，代表了当今社会高新制造技术的一个重要方面。但是，作为制造技术的主战场，作为真实产品的实际制造，必然要依靠特种加工技术。例如，计算机工业的发展不仅要在软件上，还要在硬件上，即在集成电路芯片上有很强的设计、开发和制造能力。目前，我国集成电路的制造水平制约了计算机工业的发展。

我国对特种加工技术既有广大的社会需求，又有巨大的发展潜力。目前，我国特种加工整体技术水平与发达国家还存在着较大的差距，需要我们不断地拼搏和努力，加速开展在这方面的研究开发和推广应用等工作。

特种加工主要用于航空航天、军工、汽车、模具、冶金、机械、电子、轻纺、交通等工业中。例如，航空航天工业中各类复杂深小孔的加工，发动机蜂窝环、叶片、整体叶轮的加工，复杂零件三维型腔、型孔、群孔和窄缝等的加工。在军事工业中，尤其是在对新型武器装配的研制和生产中，无论飞机、导弹，还是其他作战平台，都要求减轻结构重量及减少燃油消耗，提高飞行速度，增大航程，达到战技性能高、结构寿命长、经济可承受性好的目的。在这些领域，特种加工发挥着极其重要且是不可替代的作用。

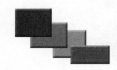

项目二　特种加工的基本原理

一、电火花加工

1. 电火花加工的基本原理

电火花加工又称放电加工或电脉冲加工，它是一种直接利用热能和电能进行加工的工艺。电火花加工与金属切削加工的原理完全不同，在加工过程中，工具和工件不接触，而是靠工具和工件之间的脉冲性火花放电，产生局部、瞬时的高温把金属材料逐步蚀除掉。由于放电过程中可见到火花，所以称为电火花加工。

（1）加工原理　工件与工具电极分别连接到脉冲电源的两个不同极性的电极上，当两电极间加上脉冲电压后，工件和电极间保持适当的间隙，把工件与工具电极之间的工作液介质击穿，形成放电通道。放电通道中产生瞬时高温，使工件表面材料熔化甚至气化，同时也使工作液介质气化，在放电间隙处迅速热膨胀并产生爆炸，工件表面一小部分材料被蚀除抛离，形成微小的电蚀坑。脉冲放电结束后，经过一段时间间隔，使工作液恢复绝缘。脉冲电压反复作用在工件和工具电极上，上述过程不断重复进行，工件材料就逐渐被蚀除掉。伺服系统不断地调整工具电极与工件的相对位置，自动进给，保证脉冲放电正常进行。电火花加工原理示意图如图 1-2 所示。

综上所述，电火花加工的原理可归纳为：

两极之间 → 火花放电 → 电腐蚀 → 去除材料

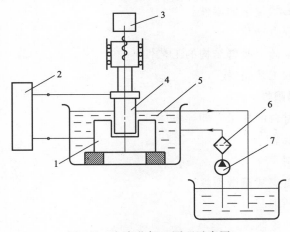

图 1-2　电火花加工原理示意图

1—工件　2—脉冲电源　3—自动进给调节系统　4—工具　5—工作液　6—过滤器　7—工作液泵

（2）加工条件

1）必须使接在不同极性上的工具和工件之间保持一定的距离以形成放电间隙。

2）放电必须在具有一定绝缘性的液体介质中进行。

3）脉冲波形基本是单向的。

4）有足够的脉冲放电能量，以保证放电部位的金属熔化或气化。

2. 电火花加工过程

1）放电通道的形成：极间介质的电离、击穿，形成放电通道。

2）能量的转换和传递：介质热分解，电极材料熔化、气化热膨胀。

3）电蚀屑的抛出，即电极材料的抛出。

4）极间介质的电离消除。

3. 电火花加工工艺方法分类（表1-3）

表1-3　电火花加工工艺方法分类

类别	工艺方法	特　点	用　途	备　注
1	穿孔成形加工	工具为成形电极，主要有一个进给运动	型腔加工、冲模、挤压模、异形孔	约占电火花加工机床总数的30%
2	电火花线切割加工	工具为线状电极，两个进给运动	冲模、直纹面、窄缝、下料	占总数的60%
3	内孔、外圆成形磨	相对旋转运动，径向、轴向进给运动	精密小孔、外圆、小模数滚刀	占总数的3%
4	同步共轭回转加工	均作旋转运动且纵横进给	精密螺纹、异形齿轮、回转表面	占总数的1%
5	高速小孔加工	细管电极旋转、穿孔速度极高	深小孔、喷嘴、穿丝孔	占总数的2%
6	表面强化、刻字	工具在工件上振动，工具相对工件移动	工具刃口强化、刻字	占总数的2%～3%

4. 电火花加工的特点

1）适用于用传统机械加工方法难以加工材料的加工，表现出"以柔克刚"的特点。

2）可加工特殊及形状复杂的零件。

3）可实现加工过程自动化。

4）可以改进结构设计，改善结构的工艺性。

5）可以改变零件的工艺路线。

5. 电火花加工的局限性

1）主要用于金属材料的加工，即导电体。

2）加工效率比较低。

3）加工精度受限制。

4）加工表面有变质层甚至微裂纹。

5）最小角部半径的限制。

6）外部加工条件的限制。

7）加工表面的"光泽"问题。

6. 电火花加工机床

电火花加工机床可分为电火花线切割机床和电火花成形机床，如图1-3和图1-4所示。电火花线切割机床和电火花成形机床作品示例如图1-5和图1-6所示。

图 1-3 电火花线切割机床

图 1-4 电火花成形机床

图 1-5 电火花线切割机床作品

a)

b)

c)

d)

图 1-6 电火花成形机床作品
a）窄缝深槽加工 b）花纹、文字加工 c）型腔加工 d）冷冲模穿孔加工

二、超声加工

超声加工（Ultrasonic Machining，USM）是利用超声频振动工具在有磨料的液体介质中或干磨料中，对磨料产生的冲击、抛磨、液压冲击及由此产生的气蚀作用来去除材料，以及利用超声振动使工件相互结合的加工方法。

早期的超声加工主要依靠工具作超声频振动，使悬浮液中的磨料获得冲击能量，从而去除工件材料，达到加工目的，但其加工效率低，并随着加工深度的增加而显著降低。后来，随着新型加工设备及系统的发展和超声加工工艺的不断完善，人们采用了从中空工具内部向外抽吸或向内压入磨料悬浮液的超声加工方式，不仅大幅度地提高了生产率，而且扩大了超声加工孔的直径及孔深的范围。

近年来，国外采用烧结或镀金刚石的先进工具，既作超声频振动，又绕本身轴线以 1000～5000r/min 的高速旋转作超声旋转加工，比一般超声加工具有更高的生产率和范围更宽的孔加工深度，同时直线性好、尺寸精度高、工具磨损小，除可加工硬脆材料外，还可加工碳化钢、二氧化钢、二氧化铁和硼环氧复合材料，以及不锈钢与钛合金叠层材料等。目前，这些先进工具已用于航空、原子能工业，效果良好。

1. 超声波的特性

声波是人耳能感受到的一种纵波，其频率范围为 16～16000Hz。声波的频率低于 16Hz 时称为次声波，高于 16000Hz 时称为超声波。超声波具有如下特性：

1）超声波可在气体、液体和固体介质中传播，其传播速度与频率、波长、介质密度等有关。

2）超声波在各种介质中传播时，其运动轨迹都按余弦函数规律变化。

3）超声波可传递很强的能量，其能量强度可用垂直于波传播方向的单位面积能量来表示，超声加工中的能量强度高达几百瓦/cm^2，且 90% 的能量作用于工件表面。

4）超声波会产生反射、干涉和共振现象；出现波的叠加作用，使弹性杆中某处质点始终不动，而某处质点的振幅则大大增加，从而获得更大的超声加工能量。这是因为超声波在同一弹性杆的一端向另一端传播时，在不同介质的介面上会产生一次或多次波的反射，结果是在有限长的弹性杆中，存在若干个周期相同、振幅相等、传播方向相同或相反的波。于是在弹性杆中传播的波会出现波的叠加，致使某处振动始终加强，而某处振动始终减弱，从而产生波的干涉现象。

5）超声波在液体介质中传播时，可在界面上产生强烈的冲击和空化现象，强化了加工过程的进行。因超声波通过悬浮磨粒的液体介质时，会使液体介质连续地产生压缩和稀疏区域，由于压力差而形成气体的空腔，并随着稀疏区的扩展而增大，内部压力下降。与此同时，受周围液体压力及磨粒传递的冲击力的作用，又使气体空腔压缩而提高压力，于是转入压缩区状态时，迫使其破裂产生冲击波。由于上述过程进行的时间极短，因此，会产生更大的冲击力作用于工件表面，从而加速磨粒的切蚀过程。

2. 超声加工的基本原理

超声加工是利用振动频率超过 16000Hz 的工具头的振动，通过悬浮液磨料的撞击和抛磨作用对工件进行成形加工的。超声加工时，在工件和工具之间注入液体、水或煤油等和磨料混合的悬浮液，工具对工件保持一定的进给压力，并作高频振荡，频率为16～30kHz，振幅为0.01～0.15mm。磨料在工具超声振荡的作用下，以极高的速度不断地撞击工件表面，使工件材料在瞬间高压下产生局部破碎，由于悬浮液的高速搅动，又使磨料不断抛磨工件表面。随着悬浮液的循环流动，使磨料不断得到更新，同时带走被粉碎下来的材料微粒。在加工过程中，工具逐步伸入工件中，工具的形状便被复制到工件上。由此可见，脆硬材料由于受冲击作用时容易被破坏，故尤其适于超声加工。

3. 超声加工的特点

1）适合加工各种硬脆材料，尤其是玻璃、陶瓷、宝石、石英、锗、硅、石墨等不导电的非金属材料。也可加工淬火钢、硬质合金、不锈钢、钛合金等硬质或耐热导电的金属材料，但加工效率较低。

2）由于去除工件材料主要依靠磨粒瞬时局部的冲击作用，故工件表面的宏观切削力很小，切削应力、切削热更小，不会产生变形及烧伤，表面粗糙度值也较低，可达 $Ra0.63～Ra0.08\mu m$，尺寸精度可达±0.03mm，适合加工薄壁、窄缝、低刚度零件。

3）工具可用较软的材料，做成较复杂的形状，且工具和工件不需要作比较复杂的相对运动，便可加工各种复杂的型腔和型面。一般来说，超声加工机床的结构比较简单，操作、维修也比较方便。

4）超声加工的面积不够大，而且工具头磨损较大，故生产率较低。

4. 超声加工的应用

（1）加工型孔、型腔　主要用于对脆硬材料加工圆孔、型孔、型腔、套料、微细孔等，如图1-7所示。

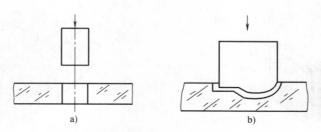

图 1-7　型孔、型腔
a）型孔　b）型腔

（2）加工异形孔、微细孔　加工异形孔、套料加工、加工微细孔，分别如图1-8a、b、c所示。

（3）切割加工　用普通机械加工切割脆硬的半导体材料很困难，采用超声切割则较为有效，如图1-9～图1-12所示。

三、电子束和离子束加工

1. 电子束和离子束加工概述

电子束加工技术在国际上日趋成熟，应用范围广。国外定型生产的40～300kV的电子枪（以60kV、150kV为主）已普遍采用CNC控制、多坐标联动，自动化程度高。电子束焊接已成功地应用在特种材料、异种材料、空间复杂曲线、变截面焊接等方面。目前正在研究

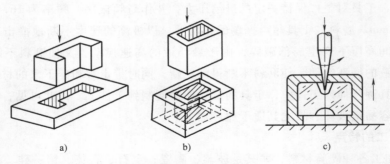

图 1-8 异形孔、微细孔

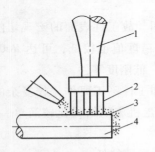

图 1-9 超声切割单晶硅片

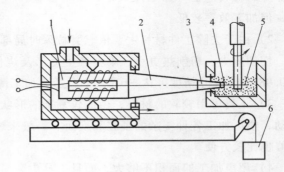

图 1-10 超声切割金刚石

1—换能器 2—变幅杆 3—工具头
4—金刚石 5—切割工具 6—重锤

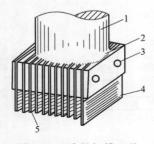

图 1-11 成批切槽刀具

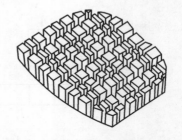

图 1-12 切割成的陶瓷模块

焊缝自动跟踪、填丝焊接、非真空焊接等，最大焊接熔深可达 300mm，焊缝深宽比 20:1。电子束焊已用于运载火箭、航天飞机等主承力构件大型结构的组合焊接，以及飞机梁、框、起落架部件、发动机整体转子、机匣、功率轴等重要结构件和核动力装置压力容器的制造。例如：F-22 战斗机采用先进的电子束焊接，减轻了飞机的重量，提高了整机的性能；"苏-27"及其他系列飞机中的大量承力构件，如起落架、承力隔框等，均采用了高压电子束焊接技术。国内多种型号的飞机及发动机和多种型号的导弹壳体、油箱、尾喷管等结构件也已采用了电子束焊接。

电子束焊接技术的应用越来越广泛，对电子束焊接设备的需求量也越来越大。国外的电子束焊机，以德国、美国、法国等为代表，已实现了工程化生产。其特点是采用变频电源，设备在高压性能等方面有很大提高；在控制系统方面，运用了先进的计算机技术，采用了先进的 CNC 及 PLC 技术，使设备的控制更可靠，操作更简便、直观。

在国外，真空电子束物理气相沉积技术已用于航空发动机涡轮叶片高温防腐隔热陶瓷涂层，提高了涂层的抗热冲击性能及寿命。电子束刻蚀、电子束辐照固化树脂基复合材料技术正处于研究阶段。我国电子束加工技术今后应积极拓展专业领域，紧密跟踪国际先进技术的发展，针对需求，重点开展电子束物理气相沉积关键技术研究、主承力结构件电子束焊接研究、电子束辐照固化技术研究、电子束焊机关键技术研究等。

2. 电子束加工的原理及特点

电子束加工是利用电子高速运动时的冲击动能来加工工件的，在真空条件下，利用电流加热阴极发射电子束，再经过加速极加速，将具有很高速度和能量的电子束聚焦在被加工材料上，高速电子撞击工件，其动能绝大部分转化为热能，使工件材料局部、瞬时熔融，汽化蒸发而去除。所以说，电子束加工是通过热效应进行加工的。电子束加工的特点如下：

1）电子束加工时，电子束聚焦直径小，可实现精密微细加工。

2）电子束加工属非接触式加工，工件不受机械力作用，不产生宏观应力和变形。

3）加工材料范围很广，对脆性、韧性、导体、非导体及半导体材料都可加工。

4）电子束的能量密度高，因而加工生产率很高。

5）电子束容易控制，加工过程便于实现自动化。

6）电子束加工在真空中进行，因而污染少，加工表面不被氧化，特别适合加工易氧化的金属及合金材料，以及纯度要求极高的半导体材料。

3. 电子束加工的应用

1）窄缝加工，如图 1-13 所示。

2）曲面加工，如图 1-14 所示。

图 1-13 窄缝加工

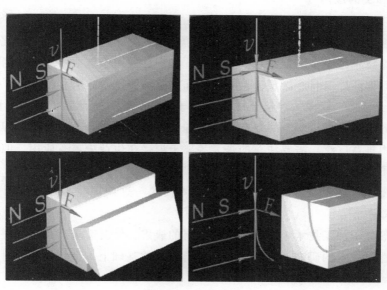

图 1-14 曲面加工

3）刻蚀，如图 1-15 所示。

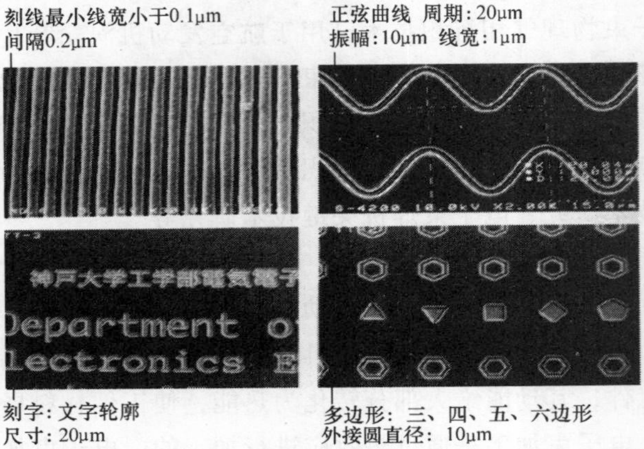

刻线最小线宽小于0.1μm
间隔0.2μm
正弦曲线 周期：20μm
振幅：10μm 线宽：1μm
神戸大学工学部電気電子
Department o
lectronics E
刻字：文字轮廓
尺寸：20μm
多边形：三、四、五、六边形
外接圆直径：10μm

图 1-15　刻蚀

4）焊接，如图 1-16 所示。

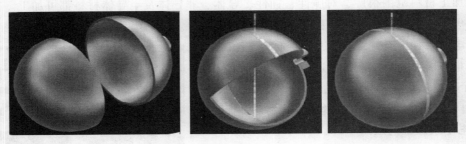

图 1-16　焊接

4. 离子束加工的应用

（1）表面功能涂层　具有高硬度、耐磨、耐蚀功能，可显著提高零件的寿命，在工业上具有广泛用途。美国及欧洲国家目前多数用微波 ECR 等离子体源来制备各种功能涂层。等离子体热喷涂技术已经进入工程化应用阶段，已广泛应用于航空、航天、船舶等领域产品的关键零部件耐磨涂层、封严涂层、热障涂层和高温防护层等方面。

（2）等离子焊接　等离子焊接已成功应用于 18mm 铝合金储箱的焊接，配有机器人和焊缝跟踪系统的等离子焊接对空间复杂焊缝的焊接也已实用化。微束等离子焊接在精密零部件的焊接中应用日益广泛。需要注意的是，等离子焊接在生产中虽有应用，但焊接质量不稳定。我国等离子喷涂已用于武器装备的研制。

（3）真空等离子喷涂技术和全方位离子注入技术　这两项技术在我国已开始研究，与国外尚有较大差距。

离子束及等离子加工技术今后应结合已取得的成果，针对需求，重点开展热障涂层及离子注入表面改性新技术的研究，同时，在已取得成果的基础上，进一步开展对等离子焊接技术的研究。

四、激光加工的原理与特点

激光的特性是强度高、单色性好、相干涉性好、指向性好。

1. 激光加工的原理

激光加工是利用光能经过透镜聚焦后达到很高的能量密度，依靠光热效应产生高温熔融，来加工各种材料。激光加工时，把光束聚集在工件的表面上，由于区域小、亮度高，其焦点处的功率密度极高，温度可以达到一万多摄氏度，在此高温下，可以在瞬间熔化和蒸发任何坚硬的材料，并产生很强的冲击波，使熔化物质爆炸式地喷射去除。激光加工示意图如图 1-17 所示。

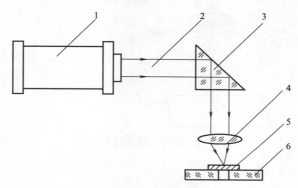

图 1-17　激光加工示意图

1—激光器　2—激光束　3—全反射棱镜　4—聚焦物镜　5—工件　6—工作台

2. 激光加工的特点

1）几乎可以对所有的金属和非金属材料进行激光加工。

2）激光能聚焦成极小的光斑。

3）可用反射镜将激光束送往远离激光器的隔离室或其他地点进行加工。

4）加工时不需要使用刀具，属于非接触式加工，无机械加工变形。

5）无需加工工具和特殊环境，便于自动控制和连续加工，加工效率高，加工变形和热变形小。

3. 激光加工的应用

1）激光打孔。

2）激光切割，如图 1-18 所示。

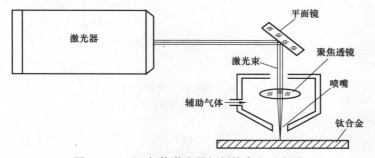

图 1-18　CO_2 气体激光器切割钛合金示意图

3）激光打标，如图 1-19 所示。

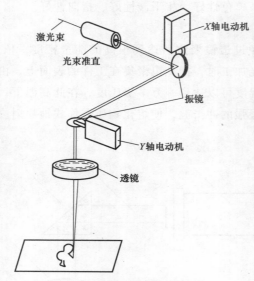

图 1-19　振镜式激光打标原理

4）激光焊接，如图 1-20 所示。

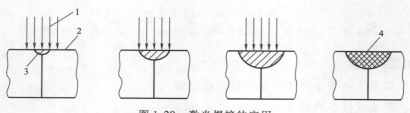

图 1-20　激光焊接的应用

1—激光　2—被焊接零件　3—被熔化金属　4—已冷却的熔池

5）激光表面处理，如图 1-21 所示。

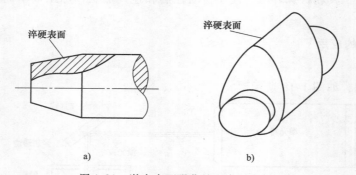

a)　　　　　　　　　　　　　　b)

图 1-21　激光表面强化处理应用实例

a）圆锥表面　b）铸铁凸轮表面

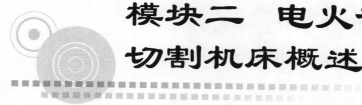

模块二 电火花线切割机床概述

项目一　认识电火花线切割

任务一　电火花线切割机床的加工原理与特点

电火花线切割属于特种加工范畴。电火花线切割机床（Wire Cut Electrical Discharge Machining，WEDM）发明于苏联，我国是第一个将其用于工业生产的国家。当时以投影器观看轮廓面、手动进给工作台进行加工，加工速度虽慢，却可加工传统机械不易加工的微细形状，如异形孔等，使用的工作液为矿物质油（煤油），其绝缘性高，极间距离小，加工速度低于现在的机械，实用性受到了限制。

1. 电火花线切割加工原理

电火花线切割时，在电极丝和工件之间进行脉冲放电。如图 2-1 所示，电极丝接脉冲电源的负极，工件接脉冲电源的正极。当接收一脉冲电压时，在电极丝和工件之间产生一次电火花放电，放电通道中心的瞬时温度可达 10000℃ 以上，高温使工件金属熔化，甚至有少量汽化，高温也使电极丝和工件之间的工作液部分汽化，这些汽化后的工作液和金属蒸气瞬间迅速膨胀，并具有爆炸的特性。这种热膨胀和局部微爆炸抛出熔化和汽化的金属材料而实现对工件材料的电蚀切割加工。

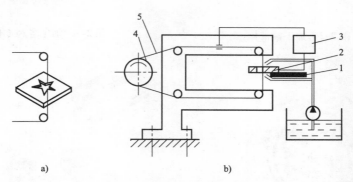

图 2-1　电火花线切割加工原理
a）加工示意图　b）线切割加工原理示意图
1—绝缘底板　2—工件　3—脉冲电源　4—贮丝筒　5—电极丝

2. 电火花线切割加工定义

电火花线切割加工用细金属丝作为工具电极，利用电火花加工原理，使用运动着的线状电极，按预定的轨迹对材料进行切割加工。电火花线切割加工时，一方面电极丝相对于工件不断地往返移动，另一方面装夹工件的十字工作台由数控伺服电动机驱动，在 x、y 轴方向实现切割进给，使电极丝沿加工图形的轨迹运动，对工件进行切割加工。数控电火花线切割机床通过数字控制系统的控制，可以按加工要求自动切割任意角度的直线和圆弧。

3. 电火花线切割机床的加工特点

1）可以不考虑工件材质硬度，只要工件导电即可加工。

2）热变形小，加工过程中虽然产生高温，但只是局部和短暂的。

3）加工表面有 0.005mm 左右的变质层，其厚度和加工参数有关，和加工表面粗糙度值成正比。

4）可实现无毛刺加工，但电火花线切割机床加工时入口处有切割痕迹，其大小与电极丝直径、电火花线切割加工参数有关。

4. 电火花线切割机床的加工对象

电火花线切割机床主要适合切割淬火钢、硬质合金等高硬度、高强度、高韧性或高脆性的金属材料，特别适于加工一般金属切削机床难以加工的细缝槽或形状复杂的零件，在模具行业的应用尤为广泛，如图 2-2～图 2-5 所示。

图 2-2　加工棱锥体

图 2-3　加工各种零件

图 2-4　加工多孔窄缝

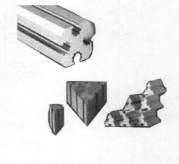

图 2-5　加工冷冲凸模

任务二　电火花线切割机床的分类和结构

一、数控电火花线切割机床的分类

电火花线切割机床一般按照电极丝运动速度不同，分为快走丝电火花线切割机床和慢走丝电火花线切割机床。快走丝电火花线切割机床的运丝速度为 300～700m/min，电极丝作双向往返循环，加工效率高，这类机床已成为我国特有的电火花线切割机床品种，应用广泛；慢走丝电火花线切割机床的运丝速度为 3～15m/min，电极丝只作单向运行，不重复使用，加工精度高，这类机床是国外生产和使用的主流机种，属于精密加工设备，代表着电火花线切割机床的发展方向。

1. 快走丝与慢走丝电火花线切割机床的主要区别（表 2-1）

表 2-1 快走丝与慢走丝电火花线切割机床的主要区别

机床类型 / 比较项目	快走丝电火花线切割机床	慢走丝电火花线切割机床
走丝速度/(m/s)	≥2.5,常用值为 6～10	<2.5,常用值为 0.001～0.25
电极丝工作状态	往复供丝,反复使用	单向运行,一次性使用
电极丝材料	钼、钨钼合金	黄铜、铜、以铜为主体的合金或镀覆材料
电极丝直径/mm	$\phi 0.03～\phi 0.25$,常用值为 $\phi 0.12～\phi 0.20$	$\phi 0.003～\phi 0.30$,常用值为 $\phi 0.20$
穿丝方式	只能手工	可手工,可自动
工作电极丝长度	数百米	数千米
电极丝张力/N	上丝后即可固定不变	可调,通常为 2.0～25
电极丝振动	较大	较小
运丝系统结构	较简单	复杂
脉冲电源	开路电压为 80～100V,工作电流为 1～5A	开路电压在 300V 左右,工作电流为 1～32A
单面放电间隙/mm	0.01～0.03	0.01～0.12
工作液	线切割乳化液或水基工作液	去离子水,个别场合用煤油
工作液电阻率/(kΩ·cm)	0.5～50	10～100
导丝机构形式	导轮	导向器,寿命较长
机床价格	便宜	昂贵

2. 数控快走丝与慢走丝电火花线切割机床的加工工艺水平比较（表 2-2）

表 2-2 数控快走丝与慢走丝电火花线切割机床的加工工艺水平比较

比较项目	数控快走丝电火花线切割机床	数控慢走丝电火花线切割机床
切割速度/(mm²/min)	20～160	20～240
加工精度/mm	0.01～0.04	0.004～0.01
表面粗糙度 Ra/μm	1.6～3.2	0.1～1.6
重复定位精度/mm	0.02	0.004
电极丝损耗	均布于参与工作的电极丝全长	不计

3. 数控电火花线切割机床的型号示例（图2-6）

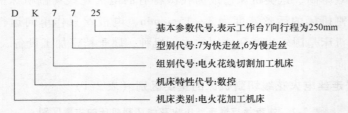

图2-6 数控电火花线切割机床型号示例

4. 数控电火花线切割机床的基本组成

数控电火花线切割机床主要由机械装置、脉冲电源、工作液供给系统和数控系统组成。

二、机械装置

1. 工作台

数控电火花线切割机床常采用 X、Y 轴移动工作台，又称为十字工作台，其主要功用是安装工件并相对电极丝进行插补运动。工作台由驱动电动机、导轨与拖板、丝杠传动副工作台面和工作液槽等组成。

2. 走丝机构

快走丝机构的电极丝整齐地卷绕在贮丝筒上，贮丝筒由电动机带动，电极丝从贮丝筒一端经丝架上的上导轮定位后穿过工件，再经过下导轮返回贮丝筒另一端。加工时，电极丝在上、下导轮之间作高速往返运动，如图2-7所示。

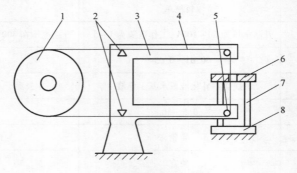

图2-7 快走丝机构

1—贮丝筒 2—导向器 3—丝架 4—电极丝 5—导轮 6—工件 7—夹具 8—工作台

慢走丝机构的电极丝只作单向运动，电动机带动贮丝筒转动，电极丝只一次性通过加工区域，已用过的电极丝被收丝轮绕在废丝轮上，如图2-8所示。

三、脉冲电源

脉冲电源是数控电火花线切割机床的重要组成部分，是决定电火花线切割加工工艺指标的关键部件。它的工作原理与电火花成形加工的脉冲电源相似，但又有特殊的要求。具体要求如下：

1）脉冲峰值电流要适当，变化范围不宜太大，一般在 15 ~ 35A 范围内变化。

2）脉冲宽度要窄，以获得较高的加工精度和较低的表面粗糙度值。

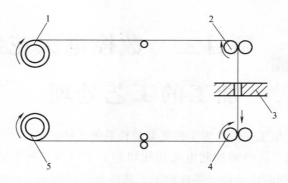

图 2-8 慢走丝机构

1—贮丝筒 2—张力轮 3—工件 4—速度轮 5—收丝筒

3）脉冲重复频率要尽量高，即缩短脉冲间隔，可得到较高的切割速度。

4）电极丝损耗要低，以便保证加工精度。

5）参数调节要方便，适应性强。

四、工作液供给系统

电火花线切割加工必须在工作液中进行。工作液能够恢复极间绝缘，产生放电的爆炸压力，冷却电极丝和工件，排除电蚀屑。快走丝电火花线切割机床常用的工作液是乳化液，慢走丝电火花线切割机床常用的是纯水（去离子水）。

工作液供给系统主要由泵、工作液箱、管路、阀（开关）、喷嘴及过滤器等组成。喷嘴设置在线架的上、下导轮处，带有压力的工作液从上、下喷嘴同时喷向工件，液柱包围着加工区域的电极丝。用过的工作液经回收管路及过滤装置后，流回工作液箱中循环使用。

五、数控系统

电火花线切割数控装置除具有最基本的轨迹控制功能外，还具有加工过程的最优控制功能、操作自动化功能、故障分析及安全检查等功能。

项目二　数控电火花线切割
加工的工艺处理

数控电火花线切割加工一般作为工件尤其是模具加工中的最后工序。要达到加工零件的精度及表面粗糙度要求，应合理控制电火花线切割加工时的各种工艺参数（电参数、切割速度、工件装夹等），同时应安排好零件的工艺路线及线切割加工前的准备加工。有关模具加工的线切割加工工艺准备和工艺过程如图 2-9 所示。

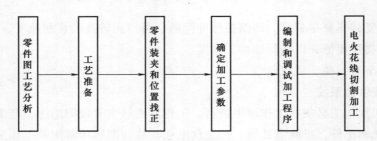

图 2-9　数控电火花线切割加工的工艺准备和工艺过程

一、零件图工艺分析

编程前需对零件图进行分析，明确加工要求，根据零件加工精度的要求合理确定电火花线切割加工的有关工艺参数。对于有凹角或尖角的零件，要说明拐角处的过渡圆弧半径，因为电火花线切割加工凹角只能是圆角。另外，还需分析零件的形状及热处理后的状态，应考虑在加工过程中零件是否会变形，以便在加工前采取措施，制订合理的加工路线。

二、工艺基准的选择

遵循基准重合原则，应尽量使定位基准与设计基准重合，以保证工件安装位置正确。电极丝的定位基准可选择相关的工艺基准，如以底面为主要工艺基准的工件，可选择与底面垂直的侧面作为电极丝的定位基准。

三、加工路线的选择

在加工过程中，工件内部应力的释放会引起工件的变形，因此加工路线的选择应注意以下方面：

1）避免从工件端面开始加工，应将起点选在穿丝孔中，如图 2-10 所示。

2）加工路线应向远离工件夹具方向进行，最后再转向夹具方向，且与端面的距离应大于 5mm，如图2-11 所示。

3）在一个毛坯上要切出两个以上零件时，不应连续一次切割出来，而应从不同穿丝孔开始加工，如

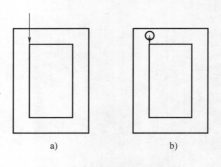

图 2-10　加工路线的选择 1

a）不好　b）好

图 2-12 所示。

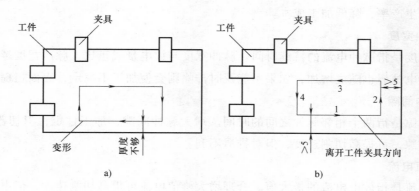

图 2-11 加工路线的选择 2
a) 不好 b) 好

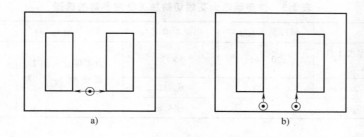

图 2-12 加工路线的选择 3
a) 不好 b) 好

四、穿丝孔位置的确定

切割凸模及大型凹模类零件时，穿丝孔应设在加工起点附近的加工轨迹拐角处，或设在已知坐标点上，以简化编程轨迹的计算。切割小型凹模类及孔类零件时，穿丝孔设在工件对称中心处较为方便。

五、电极丝初始位置的确定

电火花线切割加工前，应将电极丝调整到切割的起始位置上，可通过对穿丝孔来实现。穿丝孔位置的确定应遵循如下原则：

1）当切割凸模需要设置穿丝孔时，其位置可选在加工轨迹的拐角附近，以简化编程。

2）切割凹模等零件的内表面时，将穿丝孔设置在工件对称中心上，对编程计算和电极丝定位都较方便。但若切入行程较长，则不适合大型工件，此时应将穿丝孔设置在靠近加工轨迹的边角处或选在已知坐标点上。

3）在一个毛坯上要切出两个以上零件或加工大型工件时，应沿加工轨迹设置多个穿丝孔，以便发生断丝时能就近重新穿丝，切入断丝点。

六、工艺参数的选择

工艺参数主要包括脉冲宽度、脉冲间隙、峰值电流等电参数和进给速度、走丝速度等机械参数。加工中应综合考虑各参数对加工的影响，合理地选择工艺参数，在保证加工精度的前提下提高生产率，降低加工成本。

1. 脉冲宽度

脉冲宽度是指脉冲电流的持续时间。脉冲宽度与放电量成正比，脉冲宽度越宽，切割效率越高。但电蚀屑也随之增加，如果不能及时排除则会使加工不稳定，表面粗糙度值增大。

2. 脉冲间隙

脉冲间隙是指两个相邻脉冲之间的时间。增大脉冲间隙，加工稳定，但切割速度下降；减小脉冲间隙，可提高切割速度，但对排屑不利。

3. 峰值电流

峰值电流是指放电电流的最大值。合理增大峰值电流可提高切割速度，但电流过大容易造成断丝。

快走丝电火花线切割加工脉冲参数的选择见表 2-3。

表 2-3　快走丝电火花线切割加工脉冲参数的选择

应　用	脉冲宽度 $t_i/\mu s$	电流峰值 I_e/A	脉冲间隔 $t_0/\mu s$	空载电压/V
快速切割或加工大厚度工件 $Ra > 2.5\mu m$	20 ~ 40	> 12	为实现稳定加工，一般选择 t_0/I_e 为 3 ~ 4	一般为 70 ~ 90
半精加工 $Ra 1.25 ~ 2.5\mu m$	6 ~ 20	6 ~ 12		
精加工 $Ra < 1.25\mu m$	2 ~ 6	< 4.8		

4. 进给速度

工作台若进给速度太快，则容易产生短路和断丝；若进给速度太慢，则会产生二次放电，影响加工表面质量。因此，加工时必须使工作台的进给速度和电极丝的放电速度相当。

5. 走丝速度

一般情况下，走丝速度根据工件厚度和切割速度来确定。

七、电极丝的选择

电极丝应具有良好的导电性和抗电蚀性，抗拉强度高，材质均匀。目前，电火花线切割加工使用的电极丝材料有钼丝、钨丝、钨钼合金丝、黄铜丝、铜钨丝等。快走丝电火花线切割加工中广泛使用钼丝作为电极丝，慢走丝线切割加工中广泛使用直径在 0.1mm 以上的黄铜丝作为电极丝。

钨丝的抗拉强度高，直径在 0.03 ~ 0.1mm 范围内，一般用于各种窄缝的精加工，但价格昂贵。黄铜丝适用于慢速加工，加工表面粗糙度值和平面度较好，电蚀屑附着少，但抗拉强度低、损耗大；直径在 0.1 ~ 0.3mm 范围内时，一般用于慢走丝加工。钼丝的抗拉强度高，适用于快走丝加工，所以我国快走丝电火花线切割机床大都选用钼丝作为电极丝，其直径在 0.08 ~ 0.2mm 范围内。

电极丝直径的选择应根据切缝宽度、工件厚度和拐角尺寸大小来选择。加工带尖角、窄缝的小型模具时，宜选用较细的电极丝；加工大厚度工件或大电流切割时，则应选择较粗的电极丝。

八、工作液的配制

工作液对切割速度、表面粗糙度、加工精度等都有较大影响，加工时必须正确选配。常用的工作液主要有乳化液和去离子水。

对于快走丝电火花线切割加工，目前最常用的工作液是乳化液，它是由乳化油和工作介质配制（体积分数为 5%～10%）而成的。工作介质可用自来水，也可用蒸馏水、高纯水或磁化水。

九、工件的装夹

装夹工件时，必须保证工件的切割部位位于机床工作台纵向、横向进给的允许范围之内，避免超出极限，同时应考虑切割时电极丝的运动空间。夹具应尽可能选择通用（或标准）件，所选夹具应便于装夹，便于协调工件和机床的尺寸关系。在加工大型模具时，要特别注意工件的定位方式，尤其在加工快结束时，工件的变形、重力的作用会使电极丝被夹紧，从而影响加工。

1. 常用夹具的名称、用途及使用方法

（1）压板夹具　压板夹具主要用于固定平板状的工件，对于稍大的工件要成对使用。夹具上如有定位基准面，则加工前应预先用划针或百分表将夹具定位基准面与工作台对应的导轨找正平行，这样在批量加工工件时较方便，因为切割型腔时划线一般是以模板的某一面为基准。夹具成对使用时，两基准面的高度一定要相等，否则会因切割出的型腔与工件端面不垂直而造成废品。在夹具上加工出 V 形的基准，即可用以夹持轴类工件。

（2）磁性夹具　磁性工作台或磁性表座，主要适用于钢质工件的装夹，因它靠磁力吸住工件，故不需要使用压板和螺钉，操作快速方便，定位后工件不会因压紧而移动。磁性夹具如图 2-13 所示。

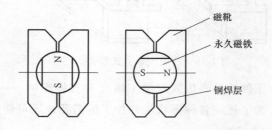

磁靴

永久磁铁

铜焊层

图 2-13　磁性夹具

2. 工件装夹的一般要求

1）工件的基准面应清洁无毛刺。经热处理的工件，在穿丝孔内及扩孔的台阶处，要清除热处理残留物及氧化皮。

2）夹具应具有必要的精度，将其稳固地固定在工作台上，拧紧螺钉时用力要均匀。

3）工件装夹的位置应有利于工件找正，并与机床的行程相适应，工作台移动时工件不得与丝架相干涉。

4）对工件的夹紧力要均匀，不得使工件变形或翘起。

5）大批量加工零件时，最好采用专用夹具，以提高生产率。

6）细小、精密、薄壁的工件应固定在不易变形的辅助夹具上。

3. 工件装夹的方式

（1）悬臂式装夹　图 2-14 所示是以悬臂方式装夹工件，这种方式装夹方便、通用性强。但由于工件一端悬伸，易出现切割表面与工件上、下平面间的垂直度误差，故仅适用于加工要求不高或悬臂较短的情况。

（2）两端支承方式装夹　图 2-15 所示是以两端支承方式装夹工件，这种方式装夹方便、稳定，定位精度高，但不适合装夹较大的零件。

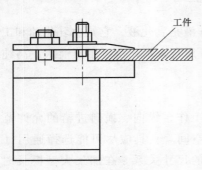

图 2-14　悬臂方式装夹

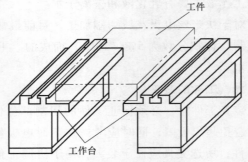

图 2-15　两端支承方式装夹

（3）桥式支承方式装夹　这种方式是在通用夹具上放置垫铁后再装夹工件，如图 2-16 所示。这种方式装夹方便，对大、中、小型工件都能采用。

（4）板式支承方式装夹　图 2-17 所示是以板式支承方式装夹工件。根据常用的工件形状和尺寸，采用有通孔的支承板装夹工件。这种方式装夹精度高，但通用性差。

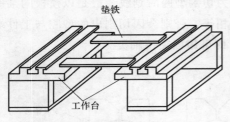

图 2-16　桥式支承方式装夹

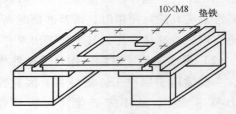

图 2-17　板式支承方式装夹

工件的装夹形式对加工精度有直接影响。一般是在通用夹具上采用压板、螺栓固定工件。为了适应各种形状工件加工的需要，还可使用磁性夹具或专用夹具装夹工件。

项目三　数控电火花线切割加工手工编程

任务一　数控电火花线切割加工 3B 格式手工编程

一、基础知识

1. 程序编制的概念

事先将人们的意图用机器所能接受的语言编排好，将"命令"告诉控制台，这个工作称为程序编制。

2. 程序编制的方法

（1）手工编程　手工编程是指通过手工将零件图中的直线、斜线、圆弧，按程序格式书写出来，然后输入控制器进行加工。

（2）计算机作图编程　使用计算机作图编程，只要将零件图形用计算机作好，输入补偿量后程序就可以自动生成，直接控制机床进行加工。

数控电火花线切割编程现大部分都是采用计算机编程，但手工编程是基础，是编写和修改程序的依据，因此必须掌握。手工编程格式有 3B、4B、ISO（国际通用标准编程，也就是一般数控专业所学的 G 代码编程，如 G01、G91 等）、EL 等，目前国内使用比较多的是 3B 格式。

二、3B 手工编程

1. 程序编制的格式

BXBYBJGZ 简称 3B 格式。其含义为：

B——分隔符，它将 X、Y、J 的数值区分开；

X——X 的坐标值（在程序中的单位为 μm）

Y——Y 的坐标值（在程序中的单位为 μm）

J——计数长度；

G——计数方向（分为 GX 和 GY）；

Z——加工指令（共有 12 种指令，线有 4 种，圆弧有 8 种）。

2. 编程步骤

（1）直线的编程步骤

1）将直线的切割起点作为原点，建立直角坐标系。

2）X、Y 的值取直线终点相对于原点的坐标值（取绝对值）。

3）G 值根据直线的终点坐标值取较大值，即当 X > Y 时取 GX，反之取 GY。

4）J 值为计数方向轴上的实际尺寸，即直线的长度。

5）根据 Z 值确定加工指令。直线的加工指令有 4 种：与 X 轴平行指向正方向的为 L1，

31

指向负方向的为 L3；与 Y 轴平行指向正方向的为 L2，指向负方向的为 L4，如图 2-18 所示。

6）写出程序格式。

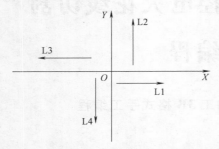

图 2-18 直线编程 Z 值的确定

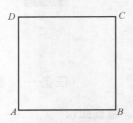

图 2-19 加工长度为 10mm 的正方形

例如，加工长度为 10mm 的正方形，其程序如下，如图 2-19 所示。

$A \rightarrow B$：将坐标移到 A 点，直线与 X 轴平行且指向正方向，所以程序为 B10000B10000B10000GXL1。

$B \rightarrow C$：将坐标移到 B 点，直线与 Y 轴平行且指向正方向，所以程序为 B10000B10000B10000GYL2。

$C \rightarrow D$：将坐标移到 C 点，直线与 X 轴平行且指向负方向，所以程序为 B10000B10000B10000GXL3。

$D \rightarrow A$：将坐标移到 D 点，直线与 Y 轴平行且指向负方向，所以程序为 B10000B10000B10000GYL4。

直线的程序是可以简写的，如上述 B10000B10000B10000GXL1 可以简写为 BBB10000GXL1。需要注意的是，只有直线的程序是可以简写的，斜线和圆弧的程序是不可以简写的。

（2）斜线的编程步骤

1）将斜线的切割起点作为原点，建立直角坐标系。

2）X、Y 的值取斜线终点相对于原点的坐标值（取绝对值）。

3）G 值根据斜线的终点坐标值取较大值，即当 X > Y 时取 GX，反之取 GY。当坐标值 X = Y，终点与起点的连线与 X 轴的正方向形成的夹角为 45°、225°时取 GY，终点与起点的连线与 X 轴的正方向形成的夹角为 135°、315°时取 GX。

4）确定 J 值。G 值确定以后，J 值就是斜线在 G 方向轴上的投影长度。

5）确定 Z 指令。斜线的加工指令有 4 种：根据斜线在直角坐标系四个不同象限而分别为 L1（第一象限）、L2（第二象限）、L3（第三象限）、L4（第四象限），如图 2-20 所示。

6）写出程序格式。

例如，加工图 2-21 所示的长方形，其程序如下。

$A \rightarrow B$：将坐标移到 A 点，求出 B 点坐标值：

$X = 20\cos30°mm = 17.321mm$ $Y = 20\sin30°mm = 10mm$

因为 X > Y，所以取 GX，计 X，J = 17321；斜线处于第四象限，故 Z 指令为 L2。则程序为 B17321B10000B17321GXL2。

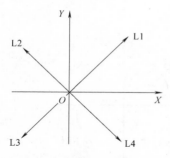

图 2-20　斜线编程 Z 指令的确定

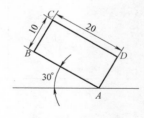

图 2-21　加工 10mm×20mm 的长方形

$B \rightarrow C$：将坐标移到 B 点，求出 C 点坐标值：

$X = 10\cos 60° \text{mm} = 5\text{mm}$　　$Y = 10\sin 60° \text{mm} = 8.66\text{mm}$

因为 X＜Y，所以取 GY，计 Y，J＝8660；斜线处于第一象限，故 Z 指令为 L1。则程序为 B5000B8660B8660GYL1。

同理，$C \rightarrow D$ 的程序为 B17321B10000B17321GXL4，$D \rightarrow A$ 的程序为 B5000B8660B8660GYL3。

（3）圆弧的编程步骤

1）将圆弧的圆心设为坐标原点，建立直角坐标系。

2）X、Y 值取圆弧起点相对于原点的坐标值（取绝对值）。

3）G 值根据圆弧的终点坐标取较小值，若 X＜Y 则取 GX，反之取 GY；当终点坐标值 X＝Y 时，终点与起点的连线与 X 轴的正方向形成的夹角为 45°～135°取 GX，终点与起点的连线与 X 轴的正方向形成的夹角为 +45°～−45°取 GY，或者任意取。

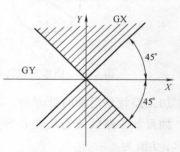

图 2-22　圆弧编程 G 值的确定

4）确定 J 值。G 值确定后，J 值就是不同象限各部分圆弧在 G 方向轴上的投影长度总和，如图 2-22 所示。

5）确定 Z 指令。圆弧的加工指令有 8 种，其中顺时针圆弧 4 种，逆时针圆弧 4 种，根据圆弧起点所在象限及旋转方向确定，如图 2-23 所示。

	第一象限	第二象限	第三象限	第四象限
顺时针圆弧	SR1	SR2	SR3	SR4
逆时针圆弧	NR1	NR2	NR3	NR4

6）写出程序格式。

例如，加工图 2-24 所示的圆弧。首先将直角坐标移到圆弧的圆心处，找出起点坐标值。如果加工路线是从点 A（5，0）到点 B（0，5），终点坐标值 X＜Y，所以取 GX，计 X。如图 2-25 所示，J 值为

$$J = X1 + X2 + X3 = 5000 + 5000 + 5000 = 15000$$

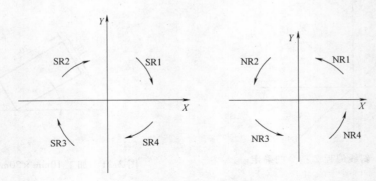

图 2-23   Z 指令的确定

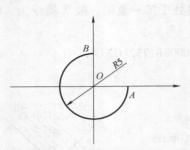

图 2-24   圆弧编程格式练习

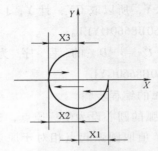

图 2-25   J 值的计算 1

加工路线是沿顺时针方向，起点处于第四象限，所以程序为 B5000B0B15000GXSR4。

如果加工路线改为从点 B 到点 A，那么终点 A 的坐标值 X > Y，取 GY，计 Y。如图2-26所示，J 值为

$$J = Y1 + Y2 + Y3 = 5000 + 5000 + 5000 = 15000$$

加工路线是沿逆时针方向，起点 B 处于第二象限，所以程序为 B0B5000B15000GYNR2。

3. 3B 程序手工编程示例

加工图 2-27 所示的样板零件，其编程步骤如下。

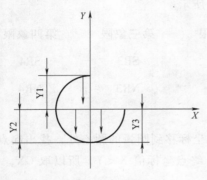

图 2-26   J 值的计算 2

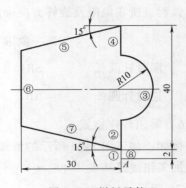

图 2-27   样板零件

（1）确定加工路线　起始点为点 A，加工路线按照图中所标的①→②→③→…→⑧进行，共分八个程序段。其中①为切入程序段，⑧为切出程序段。

（2）计算坐标值　按照坐标系和坐标 X、Y 的规定，分别计算①～⑧程序段的坐标值。

（3）填写程序单　按程序①（切入）→②→…→⑦→⑧（切出）进行切割，编制的 3B 程序见表 2-4。

表 2-4　样板零件 3B 程序举例

N	B	X	B	Y	B	J	G	Z
1	B	0	B	2000	B	2000	GY	L2
2	B	0	B	10000	B	10000	GY	L2
3	B	0	B	10000	B	20000	GX	NR4
4	B	0	B	10000	B	10000	GY	L2
5	B	3000	B	8040	B	30000	GX	L3
6	B	0	B	23920	B	23920	GY	L4
7	B	3000	B	8040	B	30000	GX	L4
8	B	0	B	2000	B	2000	GY	L4

任务二　数控电火花线切割加工 ISO 格式程序编制

ISO 编程方式是一种通用的编程方法，这种编程方法与数控铣编程有类似之处，均使用标准的 G 指令、M 指令等代码。它适用于大部分快走丝电火花线切割机床和慢走丝电火花线切割机床。其控制功能更为强大，使用更为广泛，是以后电火花线切割机床编程的发展方向。

一、程序格式

程序示例：

O00001

N10 T84 G90 G92 X38.000 Y0.000；

N20 G01 X33.000 Y0.000；

N30 G02 X5.000 Y0.000；

N40 G02 X0.000 Y5.000 I0.000 J5.000；

N50 G01 X0.000 Y15.000；

N60 G01 X47.500 Y80.000；

…

以下说明 ISO 编程中的几个基本概念。

1. 字

某个程序中字符的集合称为字，程序段是由各种字组成的。一个字由一个地址（用字母表示）和一组数字组合而成，如 G03 总称为字，G 为地址，03 为数字组合。

2. 程序号

每一个程序必须指定一个程序号，并编写在整个程序的开始，程序号的地址为英文字母（通常为 O、P、% 等）+ 4 位数字，数字范围为 0001～9999。

3. 程序段

能够作为一个单位来处理的一组字称为程序段。程序段由程序段号及各种字组成。例如：

N10 T84 G90 G92 X38.000 Y0.000；

程序段编号范围为 N0001～N9999，程序段号通常以每次递增 1 以上的编号，如 N0010、N0020、N0030 等每次递增 10，其目的是留有插入新程序的余地，即如果在 N0030 与 N0040 之间漏掉了某一段程序，可插入 N0031～N0039 间的任何一个程序段号。

4. G 功能

G 功能是设立机床工作方式或控制系统方式的一种命令，其后续数字一般为 2 位数（00～99），如 G01、G02。

5. 尺寸坐标字

尺寸坐标字主要用于指定坐标移动的数据，其地址符号为 X、Y、Z、U、V、W、P、Q、A 等。

6. M 功能

M 功能用于控制数控机床中辅助装置的开关动作或状态，其后续数字一般为 2 位数（00～99），如 M00 表示暂停程序运行。

7. T 功能

T 功能用于有关机械控制事项的指定，如 T80 表示送丝，T81 表示停止送丝。

8. D、H

D、H 用于补偿量的指定，如 K0003 或 H003 表示取 3 号补偿值。

9. L

L 用于指定子程序的循环次数，可以在 0～9999 之间指定一个循环次数，如 L3 表示循环 3 次。

常用的电火花线切割 ISO 编程代码见表 2-5。

表 2-5　常用的电火花线切割 ISO 编程代码

代码	功　能	代码	功　能
G00	快速定位	G55	选择工件坐标系 2
G01	直线插补	G56	选择工件坐标系 3
G02	顺圆插补	G57	选择工件坐标系 4
G03	逆圆插补	G58	选择工件坐标系 5
G04	暂停指令	G59	选择工件坐标系 6
G05	X 轴镜像	G80	接触感应
G06	Y 轴镜像	G82	半程移动
G07	X、Y 轴交换	G84	微弱放电找正
G08	X、Y 轴镜像	G90	绝对坐标
G09	X 轴镜像，X、Y 轴交换	G91	相对坐标
G10	Y 轴镜像，X、Y 轴交换	G92	工件坐标系设定
G11	X 轴镜像，Y 轴镜像，X、Y 轴交换	M00、M01	程序暂停
G12	取消镜像	M02、M30	程序结束
G40	取消电极丝补偿	M05	接触感应解除
G41	电极丝左补偿	M96	主程序调用文件程序
G42	电极丝右补偿	M97	主程序调用文件程序结束
G50	消除锥度	W	下导轮到工作台面高度
G51	锥度左偏	H	工件厚度
G52	锥度右偏	S	工作台面到上导轮高度
G54	坐标设定:选择工件坐标系 1		

二、准备功能（G 功能）

1. 绝对坐标指令 G90

格式：G90；

采用本指令后，后续程序段的坐标值都应按绝对方式编程，即所有点的编程数值都是在编程坐标系中的坐标值，直到执行 G91 指令为止。

如图 2-28 所示，若采用绝对坐标指令 G90，则

$A\rightarrow B$ 的尺寸坐标值为（X40，Y10）；

$B\rightarrow C$ 的尺寸坐标值为（X40，Y40）；

$C\rightarrow D$ 的尺寸坐标值为（X10，Y40）；

$D\rightarrow A$ 的尺寸坐标值为（X10，Y10）。

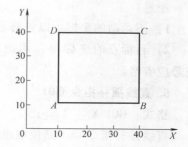

图 2-28　G90 和 G91 指令编程示例

2. 相对坐标指令 G91

格式：G91；

采用本指令后，后续程序段的坐标值都按增量方式编程，即所有点的坐标均以前一个坐标值作为起点来计算运动的位置矢量，直到执行 G90 指令为止。

如图 2-28 所示，若采用相对坐标指令 G91，则

$A\rightarrow B$ 的尺寸坐标值为（X30，Y0）；

$B\rightarrow C$ 的尺寸坐标值为（X0，Y30）；

$C\rightarrow D$ 的尺寸坐标值为（X-30，Y0）；

$D\rightarrow A$ 的尺寸坐标值为（X0，Y-30）。

3. 坐标设定指令 G54

格式：G54；

G54 是程序坐标系设置指令。一般以零件原点作为程序的坐标原点。程序零点坐标存储在机床的控制参数区，程序中不设置此坐标系，而是通过 G54 指令调用。

4. 工件坐标系设定 G92

格式：G92；

G92 指令用于设置当前电极丝位置的坐标值。G92 后面的 X、Y 坐标值即为当前点的坐标值。

在电火花线切割加工编程时，一般使用 G92 指定起始点坐标来设定加工坐标系，而不用 G54 坐标系选择指令。与数控铣削加工不同的是，对于电火花线切割加工，在用 G54 ~ G59 指令设定的工件坐标系中，依然需要用 G92 指令设置加工程序在所选坐标系中的起始点坐标。

5. 快速定位指令 G00

格式：G00 X ＿ Y ＿；

快速定位指令 G00 是使电极丝按机床最快速度沿直线或折线移动到目标位置，其速度取决于机床性能。

如图 2-29 所示，电极丝从起点 A（10，10）快速移动到终点 B（40，40），分别用绝对方式和增量方式编程。

绝对方式编程：

N0010 G90；

N0020 G90 X40.0 Y40.0；

增量方式编程：

N0010 G91；

N0020 G00 X30.0 Y30.0；

注意：

1）不运动的坐标可以省略不写。

2）目标点的坐标可以用绝对值，也可用增量值，
正号应省略。

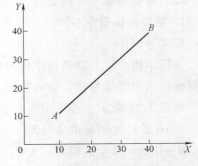

图 2-29　G00 和 G01 指令编程示例

6. 直线插补指令 G01

格式：G01 X ___ Y ___；

直线插补指令 G01 是使电极丝从当前位置以进给速度移动到目标位置。

如图 2-29 所示，电极丝从点 A（10，10）以进给速度移动到点 B（40，40），分别用绝对方式和增量方式编程。

绝对方式编程：

N0010 G90；

N0020 G01 X40.0 Y40.0；

增量方式编程：

N0010 G91；

N0020 G01 X30.0 Y30.0；

7. 圆弧插补指令 G02、G03

$$\left.\begin{array}{l} G02 \\ G03 \end{array}\right\} X \ Y \left\{\begin{array}{l} I \ J \\ R \end{array}\right.$$

编程参数说明如下：

1）G02 和 G03 指令用于切割圆或圆弧，其中 G02 指令为顺时针切割，G03 指令为逆时针切割。

2）X、Y 的坐标值为圆弧终点的坐标值，其值为圆弧终点相对于圆弧起点的坐标。

3）I 和 J 是圆心坐标。用绝对方式或增量方式编程时，两者的取值是相同的，I 和 J 的值分别是在 X 方向和 Y 方向上圆心相对于圆弧起点的距离。如图 2-30 所示的圆弧，起点为 A，终点为 B，其程序如下：

绝对方式编程：

N0010 G90；

N0020 G02 X30.0 Y30.0 I20.0 J0；

增量方式编程：

N0010 G91；

N0020 G02 X20.0 Y20.0 I20.0 J0

4）在圆弧编程中，也可以直接使用圆弧的半径 R 编程，但当圆弧的圆心角大于 180°时，R 的值应加负号。

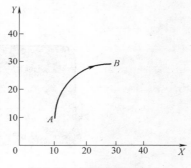

切割图 2-30 所示的圆弧（起点为 A，终点为 B，圆心角小于 180°），使用 R 方式编程时的程序如下：

绝对方式编程：

N0010 G90；

N0020 G02 X30.0 Y30.0 R20；

增量方式编程：

N0010 G91；

N0020 G02 X20.0 Y20.0 R20；

图 2-30　圆弧编程示例 1

切割图 2-31 所示的圆弧 A→B（圆心角大于 180°），使用 R 方式编程时的程序如下：

绝对方式编程：

N0010 G90；

N0020 G02 X20.0 Y0 R－20；

增量方式编程：

N0010 G91；

N0020 G02 X20.0 Y－20.0 R－20；

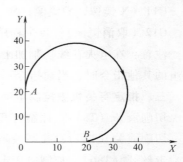

注意：对于整圆，要用 I 和 J 方式编程，不能用 R 方式编程；X、Y 省略时，意味着起点与终点相同，即表示切割一个 360°的整圆。

图 2-31　圆弧编程示例 2

8. 电极丝半径补偿指令 G40、G41、G42

格式：G40，G41/G42；

编程参数说明如下：

1）G41（电极丝半径左补偿）：加工轨迹以进给方向为正方向，沿轮廓左侧让出一个给定的偏移量，如图 2-32a 所示。

2）G42（电极丝半径右补偿）：加工轨迹以进给方向为正方向，沿轮廓右侧让出一个给定的偏移量，如图 2-32b 所示。

3）G40（取消电极丝半径补偿）：关闭左、右补偿方式。另外，也可以通过开启一个补偿指令代码来关闭另一个补偿指令代码。

9. 镜像和交换指令

在电火花线切割程序中，有时会用到镜像和交换指令 G05、G06、G07、G08、G09、G10、G11、G12。加工一些具有对称性的工件时，利用原来的程序加上上述指令，很容易产生一个与之对应的新程序。

G05（X 轴镜像）：函数关系式为 X＝－X。

G06（Y 轴镜像）：函数关系式为 Y＝－Y。

G07（X、Y 轴交换）：函数关系式为 X＝Y，Y＝X。

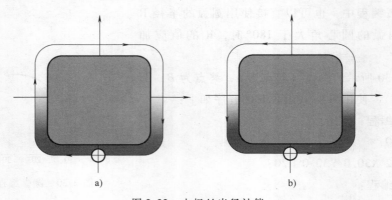

图 2-32　电极丝半径补偿

a) 电极丝左补偿　b) 电极丝右补偿

G08（X、Y 轴镜像）：函数关系式为 X = - X，Y = - Y，即 G08 = G05 + G06。

G09（X 轴镜像，X、Y 轴交换）：即 G09 = G05 + G07。

G10（Y 轴镜像，X、Y 轴交换）：即 G10 = G06 + G07。

G11（X 镜像，Y 镜像，X、Y 轴交换）：即 G11 = G05 + G06 + G07。

G12（取消镜像）：每个程序镜像结束后都要加上该指令。

注意：在电火花线切割加工中，大多数 G 指令都是模态指令，即当下面的程序不出现同组的其他指令时，当前指令一直有效。

三、指定有关机械控制事项（T 功能）

切削液开（T84）：控制打开切削液阀门开关，开始开放切削液。

切削液关（T85）：控制关闭切削液阀门开关，结束开放切削液。

走丝开（T86）：控制机床走丝的开启。

走丝关（T87）：控制机床走丝的结束。

四、辅助功能（M 功能）

1. 程序暂停指令 M00

程序暂停指令 M00 的作用是暂停程序的运行，等待机床操作者的干预，如检验、调整、测量等。待干预完毕后，按机床上的起动按钮，即可继续执行暂停指令后面的程序。最常用的情况是有多个不相连接的加工曲线时，使用 M00 指令暂停机床运转，重新穿丝，然后起动继续加工。

2. 程序结束 M02

程序停止指令 M02 的作用是结束整个程序的运行，停止所有的 G 功能及与程序有关的一切运行开关，如切削液开关、走丝开关、机械手开关等，机床处于原始禁止状态，电极丝处于当前位置。如果要使电极丝停在机床零点位置，则必须操作机床使之回零。

任务三　锥度加工手工编程

1. 锥度加工编程注意事项

1）采用绝对坐标（单位为 μm）。

2）上、下平面图形采用统一的坐标系。

3）每一个直纹面为一段程序。

4）直纹面由上平面的直线段（或圆弧段）与对应的下平面的直线段（或圆弧段）组成的母线均为直线的特殊曲面。

5）编程时要计算出这些直线或圆弧段的起点和终点坐标，而且上、下平面的起点与终点须相对应。

2. 有锥度零件的电火花线切割编程格式

如果是直线加工，则其编程格式为：

X_1	Y_1	上平面起点坐标
X_2	Y_2	上平面终点坐标
L		直线加工
X_3	Y_3	下平面起点坐标
X_4	Y_4	下平面终点坐标
L		直线加工
A		段间分隔符
Q		程序结束符

如果是圆弧加工，则其编程格式为：

X_1	Y_1	上平面起点坐标
X_2	Y_2	上平面终点坐标
C		圆弧加工
X_0	Y_0	圆心坐标
C（或 W）		逆圆（或顺圆）
X_3	Y_3	下平面起点坐标
X_4	Y_4	下平面终点坐标
C		圆弧加工
X_0'	Y_0'	圆心坐标
C（或 W）		逆圆（或顺圆）
A		段间分隔符
Q		程序结束符
X_2	Y_2	上平面起点坐标
…		
A		段间分隔符
…		
Q		程序结束符

例如，加工一个上端面直径为 10mm，下端面直径为 6mm，厚度为 20mm 的圆锥台，材料为高速工具钢，如图 2-33 所示。其程序如下：

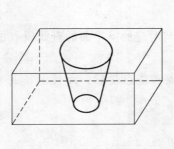 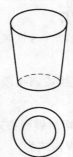 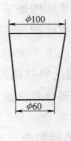

图 2-33　锥度零件加工实例

0	0
− 900	0
L	
0	0
− 2900	0
L	
A	
− 900	0
− 11100	0
C	
− 6000	0
W	
− 2900	0
− 9100	0
C	
− 6000	0
W	
A	
− 11100	0
− 900	0
C	
− 6000	0
W	
− 9100	0
− 2900	0

C

  – 6000   0

W

A

  – 900   0

  0   0

L

  – 2900   0

  0   0

L

Q

任务四 快走丝异形体电火花线切割加工实例

一、实例一

按照图 2-34 的要求加工一个上圆下方异形体，其上圆直径为 12mm，下方底边长度为 16mm，高度为 20mm。

1. 工件装夹

（1）选择工艺基准 为了便于电火花线切割加工，应选择相应的定位基准以保证将工件正确、可靠地装夹在机床或夹具上。通常选择工件上面积较大的外表面作为主要定位基准，所选基准应尽量与图样设计基准一

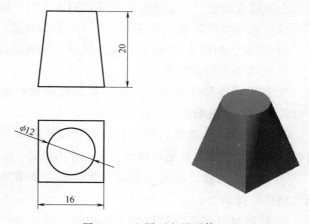

图 2-34 上圆下方异形体

致。在进行电火花线切割加工前，还应选好电极丝的找正基准，用来将电极丝调整到相对于工件正确的坐标位置。

（2）装夹注意事项 安装工件时，必须保证工件的切割部位位于工作台的工作行程范围内，并有利于找正工件位置；工作台移动时，工件不得与丝架相碰。

（3）制订工件的装夹方案 按情况选择装夹方式，如悬臂式装夹、两端支承方式装夹、桥式支承方式装夹等。

2. 工件位置找正

工件安装好后，还必须进行找正，方能使工件的定位基准面分别与坐标工作台面及 X 、Y 进给方向保持平行，从而保证切割出的表面与基准面之间的相对位置精度。

1）使用磁力表座时，将百分表或千分表固定在机床的丝架上或其他固定部位，使测头与工件基面接触。

2）往复移动工作台，按表中指示的数值调整工件位置，直至指针的偏转值在定位精度所允许的范围之内。

3）注意多操作几遍，力求位置准确，将误差控制到最小。

3. 电极丝的选择与安装

（1）电极丝的选择　电极丝是电火花线切割加工过程中必不可少的重要工具，合理选择电极丝的材料、直径及其均匀性是保证加工能够稳定进行的重要环节。

电极丝材料应具有良好的导电性、较大的抗拉强度和良好的耐电腐蚀性能，且电极丝的质量应均匀，直线性好，无弯折和打结现象，便于穿丝。快走丝电火花线切割机床上用的电极丝主要是钼丝和钨钼合金丝，其中钼丝的抗拉强度较高、韧性好，不易断丝，因而应用广泛；钨钼合金丝的加工效果比钼丝好，但其抗拉强度较差，价格较贵，仅在特殊情况下使用。

电极丝材料不同，其直径范围也不同，一般钼丝为 $\Phi 0.06 \sim \Phi 0.25mm$，钨钼合金丝为 $\Phi 0.03 \sim \Phi 0.35mm$。电极丝直径小，有利于加工出窄缝和内尖角的工件；但线径太细，能够加工的工件厚度也将受限。因此，电极丝直径的大小应根据切缝宽窄、工件厚度及凹角尺寸大小等要求确定，快走丝电火花线切割加工中一般使用 $\Phi 0.12 \sim \Phi 0.20mm$。

（2）电极丝的安装　安装电极丝一般分为两步：绕丝和穿丝。

1）绕丝。如图2-35所示，通过操纵贮丝筒操作面板进行绕丝，具体步骤如下：

① 将电极丝绕在贮丝筒上。

② 使贮丝筒移动到其行程的一端，把电极丝通过导丝轮引向贮丝筒端部的螺钉处并压紧。

③ 打开张丝电动机启停开关，旋动张丝电压调节旋钮，调整电压表读数至电极丝张紧且张力合适。

④ 旋转贮丝筒，使电极丝以一定的张力逐渐均匀地盘绕在贮丝筒上。

⑤ 待贮丝筒移至其行程的另一端时，关掉张丝电动机启停开关，从丝盘处剪断电极丝并固定好丝头。

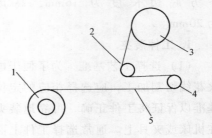

图2-35　绕丝

1—贮丝筒　2—张紧轮　3—丝盘
4—过渡轮　5—电极丝

2）穿丝。穿丝路线如图2-36所示。具体步骤如下：

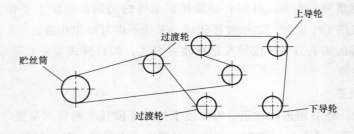

图2-36　穿丝路线示意图

① 将固定在摆杆上的重锤从定滑轮上取下，推动摆杆沿滑枕水平右移，插入定位销暂

时固定摆杆的位置，装在摆杆两端的上、下张紧轮的位置随之固定。

② 牵引电极丝剪断端依次穿过各个过渡轮、张紧轮、主导轮、导电块等处，用贮丝筒的螺钉压紧并剪掉多余丝头。

③ 取下定位销，挂回重锤，受其重力作用，摆杆带动上、下张紧轮左移，电极丝便以一定的张力自动张紧。

④ 使贮丝筒移向中间位置，利用左、右行程撞块调整好其移动行程，至两端仍各留有数圈电极丝为止。

⑤ 使用贮丝筒操作面板上的运丝开关，机动操作贮丝筒自动地进行正、反向运动，并往返运动两次，使张力均匀。

⑥ 安装电极丝完毕。

4. 电极丝的垂直找正

在具有 U、V 轴的电火花线切割机床上，电极丝运行一段时间、重新穿丝后或加工新工件之前，需要重新调整其对坐标工作台表面的垂直度误差。找正时使用一个各平面相互平行或垂直的长方体，称为校正器，如图 2-37 所示。

电极丝垂直找正的具体步骤如下：

1）擦净工作台面和校正器各表面，选择校正器上两个垂直于底面的相邻侧面作为基准面，选定位置将两侧面沿 X、Y 轴方向平行放好。

2）选择机床的微弱放电功能，使电极丝与校正器间被加上脉冲电压，运行电极丝。

3）移动 X 轴，使电极丝接近校正器的一个侧面，至有轻微放电火花。

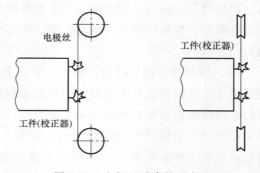

图 2-37　电极丝垂直校正方法

4）目测电极丝和校正器侧面可接触长度上放电火花的均匀程度，如出现上端或下端中只有一端有火花的情况，说明该端离校正器侧面距离近，而另一端离校正器侧面远，电极丝不平行于该侧面，需要找正。

5）通过移动 U 轴，直到上、下火花均匀一致，电极丝垂直于 X 轴。

6）用同样方法调整电极丝相对 Y 轴的垂直度。

5. 电极丝初始坐标位置调整（对刀）

（1）目视法　对于要求较低的工件，可直接利用工件上的有关基准线或基准面，沿某一轴向移动工作台，借助目测或 2~8 倍的放大镜，当确认电极丝与工件基准面接触或使电极丝中心与基准线重合后，记下电极丝中心的坐标值，再以此为依据推算出电极丝中心与加工起点之间的相对距离，将电极丝移动到加工起点上，如图 2-38 所示。其中，图 2-38a 所示为观测电极丝与工件基准面接触时的情况；图 2-38b 所示为观测电极丝中心与穿丝孔处划出的十字基准线在纵、横两个方向上分别重合时的情况。注意：操作前应将工件基准面清理干净，不能有氧化皮、油污和工作液等。

（2）火花法　火花法是指利用电极丝与工件在一定间隙下发生火花放电来确定电极丝

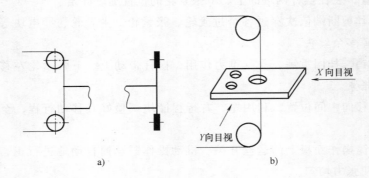

图 2-38　目测法

a）观测基准面　b）观测基准线

的坐标位置，操作方法与对电极丝进行垂直度找正基本相同。调整时，移动工作台，使电极丝逐渐靠近工件基准面，在出现微弱火花的瞬时，记下电极丝中心的坐标值，再计入电极丝半径值和放电间隙来推算电极丝中心与加工起点之间的相对距离，最后将电极丝移到加工起点。此法简便、易行，但因电极丝靠近基准面开始产生脉冲放电的距离往往并非正常切割时的放电间隙，且电极丝运转时易抖动，故会出现误差；另外，火花放电会使工件的基准面受到损伤。

（3）接触感知法　目前，装有计算机数控系统的电火花线切割机床都具有接触感知功能，用于电极丝定位最为方便。此功能是利用电极丝与工件基准面由绝缘到短路的瞬间，两者间电阻值突然变化的特点来确定电极丝接触到了工件，并在接触点自动停下来，显示该点的坐标，即为电极丝中心的坐标值。如图 2-39 所示，首先起动 X（或 Y）方向接触感知，使电极丝朝工件基准面运动并感知到基准面，记下该点坐标，据此算出加工起点的 X（或 Y）坐标；再用同样的方法得到加工起点的 Y（或 X）坐标，最后将电极丝移动到加工起点。

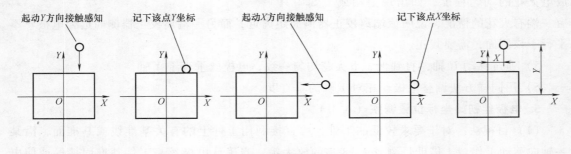

图 2-39　接触感知法

基于接触感知原理，还可实现自动找中心功能，即让工件孔中的电极丝自动找正后停止在孔中心处实现定位。具体方法为：横向移动工作台，使电极丝与一侧孔壁相接触短路，记下坐标值 X_1，反向移动工作台至孔壁另一侧，记下相应坐标值 X_2；同理，也可得到 Y_1 和 Y_2。则基准孔中心的坐标位值为 $[(|X_1|+|X_2|)/2，(|Y_1|+|Y_2|)/2]$，将电极丝中心移至该位置即可定位，如图 2-40 所示。

6. 确定切割起点

一般情况下，最好将切割起点安排在靠近夹持端，将工件与其夹持部分分离的切割段安排在切割走向的末端。对于精度要求较高的零件，最好将切割起点取在毛坯上预制的穿丝孔中，电极丝不由毛坯外部直接切入，以免工作在切开处变形。并注意切割路线与毛坯外形的距离应大于 5mm，以避免沿外形侧面切割时，电极丝单边受电火花冲击力而造成运行不稳定，难以保证切割精度。

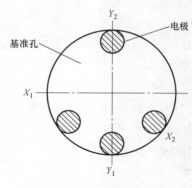

图 2-40　自动找中心

7. 编程及参数调整

（1）工件工艺分析

1）直纹面分析。如图 2-41 所示，本零件有 6 个直纹面，包括第一直纹面 $O \rightarrow EA$（引入段）、第二直纹面 $EA \rightarrow FB$、第三直纹面 $FB \rightarrow GC$、第四直纹面 $GC \rightarrow HD$、第五直纹面 $HD \rightarrow EA$、第六直纹面 $EA \rightarrow O$（退出段）。编程时按照第一～第六直纹面的顺序进行。

2）点坐标分析计算。预设工件位于毛坯左侧边 1.5mm 处，引入点 O 距毛坯 0.5mm，以 O 点为坐标原点建立坐标系，节点的坐标如图 2-42 所示（单位：mm）。

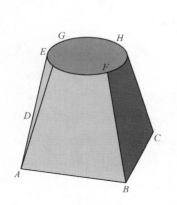

图 2-41　直纹面分析

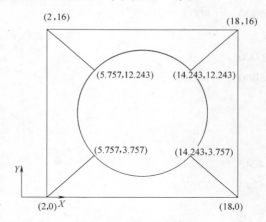

图 2-42　节点坐标计算

电火花线切割的精度主要由导轮、钼丝的张紧程度、钼丝的损耗、电流大小、脉冲宽度、进给速度、丝杠的间隙以及编程数据的正确输入等要素决定。导轮不能摆动或跳动，精度要好。钼丝张紧要适度，太松了钼丝会颤动而影响精度。钼丝损耗也会影响精度，直径为 0.18mm 的钼丝，时间长了直径会减小，如果按 0.18mm 的直径去编程，必然会产生切割误差。机床丝杠间隙增大也会影响加工精度。另外，上、下导轮支架距离工件太远，也会使钼丝抖动，从而影响切割精度。本零件较厚，电流脉冲可调得大些，以提高加工效率；为防止短路，加工时把电流调到 4 档。

（2）手工编程（3B）

0　　　　　0

5757　　　3757

L		（第一直纹面：$O \to EA$ 引入段）
O	0	
L		
A		
3757	12243	
C		
10000	8000	
W		（第二直纹面：$EA \to FB$）
0	16000	
L		
A		
12243	0	
14243	12243	
C		
10000	8000	
W		（第三直纹面：$FB \to GC$）
16000	0	
18000	16000	
L		
A		
14243	12243	
14243	3757	
C		
10000	8000	
W		（第四直纹面：$GC \to HD$）
18000	16000	
18000	0	
L		
A		
14243	12243	
14243	3757	
C		
10000	8000	

W		（第五直纹面：$HD{\rightarrow}EA$）
18000	0	
2000	0	
L		
A		
3757	0	
0	0	
L		（第六直纹面：$EA{\rightarrow}O$ 退出段 ）
2000	0	
0	0	
L		
Q		

通过本任务的实施，掌握快走丝机床加工中工件的装夹与找正、钼丝的安装与找正、加工工艺流程的制订、编程方法及参数调整方法等，为以后的学习打下基础。

二、实例二

加工图 2-43 所示的异形体。

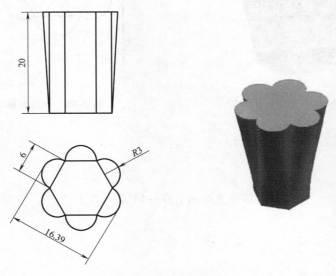

图 2-43　异形体的加工

1. 加工设备及材料的准备

（1）加工设备　电火花线切割机床。

（2）加工材料　高速工具钢。

（3）加工所用工具　游标卡尺、钼丝（直径为 0.18mm）。

2. 加工前的准备

1）安装钼丝，检查设备是否正常运转，检查工作液、脉冲电源。

2）调整工作台至适当位置，用校正块校正钼丝，使钼丝与工作台面垂直。

3）按要求装夹毛坯，使钼丝距工件左侧1.5mm，工件轴线与X轴垂直。

3. 编程及参数调整

（1）工件工艺分析

1）直纹面分析。如图2-44所示，本零件加工分为8个直纹面，包括第一直纹面 O→AA′（引入段）、第二直纹面 AA′→BB′、第三直纹面 BB′→CC′、第四直纹面 CC′→DD′、第五直纹面 DD′→EE′、第六直纹面 EE′→FF′、第七直纹面 FF′→AA′、第八直纹面：AA′→O（退出段）。编程时按照第一～第八直纹面的顺序进行。

2）点坐标分析计算。预设工件位于毛坯左侧边1.5mm左右处，引入点 O 距毛坯0.5mm，以 O 点为坐标原点建立坐标系，节点坐标如图2-45所示（单位：mm）。

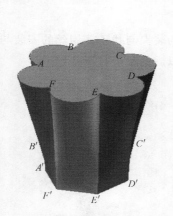

图2-44　直纹面分析

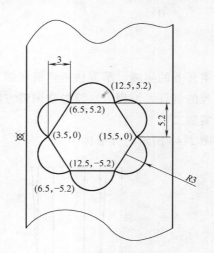

图2-45　节点坐标计算

（2）手工编程（3B）

0	0	
3050	0	
L		（第一直纹面：O→AA′引入段）
0	0	
3050	0	
L		
A		
3050	0	
6050	5200	
C		
5000	2600	
C		（第二直纹面：AA′→BB′）

```
3050        0
6050        5200
L
A
6050        5200
12500       5200
C
9500        5200
C                      （第三直纹面：BB′→CC′）
6050        5200
12500       5200
L
A

12500       5200
15500       0
C
14000       2600
C                      （第四直纹面：CC′→DD′）
12500       5200
15500       0
L
A

15500       0
12500       -5200
C
1400        -2600
C                      （第五直纹面：DD′→EE′）
15500       0
12500       -5200
L
A

12500       -5200
6500        -5200
C
```

9500	−5200
C	
12500	−5200
6500	−5200
L	
A	
6500	−5200
3500	0
C	
5000	−2600
C	
6500	−5200
3500	0
L	
A	
3500	0
0	0
L	
3500	0
0	0
L	
Q	

（第六直纹面：$EE' \rightarrow FF'$）

（第七直纹面：$FF' \rightarrow AA'$）

（第八直纹面：$AA' \rightarrow O$ 退出段）

4. 录入程序并加工

5. 零件的检测

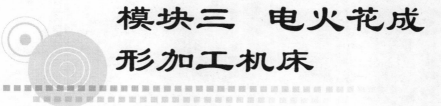

模块三　电火花成形加工机床

项目一　认识电火花成形加工机床

任务一　电火花成形加工的原理与特点

电火花加工又称放电加工（Electrical Discharge Machining，EDM），是一种利用电能、热能进行加工的方法，在 20 世纪 40 年代开始研究并逐步应用于生产。因放电过程可以见到火花，故称为电火花加工，日本、英国、美国称之为放电加工，也有称其为电蚀加工的。

1. 电火花成形加工的原理

电火花加工是基于在绝缘的工作液中，工具电极和工件电极之间脉冲放电时的电腐蚀作用，对工件进行加工的一种工艺方法。其加工原理如图 3-1 所示。

加工过程中，工具电极与工件并不接触，自动进给调节装置使工具电极与工件保持给定的放电间隙，脉冲电源输出的电压加在液体介质中的工件和工具电极上。当电压升高到间隙中介质的击穿电压时，把两极间距离最小的介质击穿，形成火花放电，产生瞬时高温，使工件和电极表面被蚀除，形成小凹坑，如图 3-2 所示。

一次脉冲放电过程可分为电离、放电、高热熔化、汽化、金属抛出和消电离几个阶段。经过多次脉冲放电，使整个被加工表面由无数小的放电凹坑构成，工具电极的轮廓形状便被复制到工件上，达到加工目的。

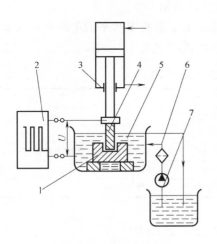

图 3-1　电火花成形加工原理

1—工件　2—脉冲电源　3—自动进给调节装置
4—工具电极　5—工作液　6—过滤器　7—泵

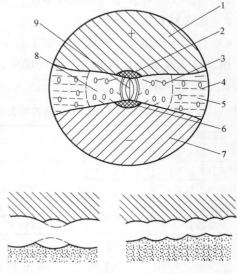

图 3-2　电火花加工表面局部放大图

1—阳极　2—阳极汽化、熔化区
3—熔化的金属微粒　4—工作介质
5—凝固的金属微粒　6—阴极汽化、熔化区
7—阴极　8—气泡　9—放电通道

在脉冲放电过程中，工件和电极都受到电腐蚀，但正、负两极的蚀除速度不同，这种现象称为极性效应。

产生极性效应的根本原因在于：在加工时，正极和负极表面分别受到电子和离子的轰击而受到瞬时高温热源的作用，它们都受到电腐蚀，但即使两电极材料相同，两个电极的蚀除量也不相同。如果两电极的材料不同，则极性效应更为复杂。

通常认为，放电时电子奔向正极，由于电子质量小、加速度大，容易获得较高的运动速度；而正离子质量大、加速度小，短时间内不易获得较高速度。所以当放电时间较短，如小于 $30\mu s$ 时，电子传递给正极的能量大于正离子传递给阴极的能量，使正极蚀除量大于负极蚀除量，此时工件应接正极，工具电极应接负极，称为"正极性加工"或"正极性接法"。反之，当放电时间足够长，如大于 $300\mu s$ 时，正离子被加速到较高的速度，加上它的质量大，轰击负极时的动能也大，使负极蚀除量大于正极蚀除量，此时工件应接负极，工具应接正极，称为"负极性加工"或"负极性接法"。这是因为随着脉冲宽度，即放电时间的加长，质量和惯性较大的正离子也逐渐获得了加速，陆续地冲击负极表面，因此，它对负极的冲击破坏作用要比电子对正极的冲击破坏作用大。

工件和电极的蚀除量首先与脉冲宽度有关，其次还受电极与工件材料、加工介质、电源种类、单个脉冲能量等多种因素的综合影响。在电火花成形加工过程中，极性效应越显著越好，因此必须充分利用极性效应，合理选择加工极性，提高加工速度，减少电极的损耗。

2. 电火花成形加工的特点

1）适合加工用机械方法难以加工的材料，如淬火钢、硬质合金钢、耐热合金等。

2）可加工特殊及形状复杂的零件，如型腔复杂的模具。

3）电极材料不必比工件硬。

4）直接利用电能、热能进行加工，可实现加工过程自动化。

由于电火花成形加工具有独特的优点，加上电火花加工工艺技术水平的不断提高及数控电火花成形机床的普及，其应用领域日益扩大，主要应用范围见表3-1。

表 3-1 数控电火花成形加工的主要应用范围

应用领域	应用举例
模具加工	冲模、锻模、塑料模等
特殊材料加工	硬且韧的高温耐热合金等
微细精密加工	用于 0.01～1mm 内型孔的加工，如异形喷丝孔、发动机喷油器、电子显微镜光栅孔等
各种刀具、工具加工	各种成形刀具、样板、工具、量具等
其他加工	各种水平、锥度、多型腔加工，三维型面及螺旋面加工

任务二 电火花成形机床的分类及结构

一、电火花成形机床的型号

在 20 世纪六七十年代，我国生产的电火花成形机床分为电火花穿孔加工机床和电火花成形加工机床。20 世纪 80 年代后，我国开始大量采用晶体管脉冲电源，电火花成形机床既可以用于穿孔加工，又可以用于成形加工。自 1985 年起，我国把电火花穿孔加工机床和成形加工机床统称为电火花成形机床。目前，电火花成形机床的型号是根据 JB/T 7445.2—2012《特种加工机床　第 2 部分：型号编制方法》的规定编制的。例如，型号为 DK7132 的电火花成形机床的含义如下：

D：机床类别代号（电火花加工机床）；

K：通用特性代号（数控）；

7：组代号（电火花成形机床或电火花线切割机床）；

1：系代号（电火花成形机床）；

25：主参数（工作台横向行程 250mm 的 1/10）；

除依据国家标准规定命名的国产机床外，中外合资企业及外资企业生产的电火花成形机的型号没有采用统一标准，由各个企业自行确定。如日本沙迪克（Sodick）公司生产的 A3R、A10R，瑞士夏米尔（Charmilles）技术公司的 ROBOFORM20/30/35 等。

二、电火花加工机床的分类

1. 按控制方式分类

（1）普通数显电火花成形机床　普通数显电火花成形机床是在普通机床的基础上加以改进而来的，它只能显示运动部件的位置，而不能控制其运动。

（2）单轴数控电火花成形机床　单轴数控电火花成形机床只能控制单个轴的运动，其精度低、加工范围窄。

（3）多轴数控电火花成形机床　多轴数控电火花成形机床能同时控制多轴运动，其精度高、加工范围广。

2. 按机床结构分类

（1）固定立柱式数控电火花成形机床　固定立柱式数控电火花成形机床结构简单，一般用于中小型零件的加工。

（2）滑枕式数控电火花成形机床　滑枕式数控电火花成形机床结构紧凑、刚性好，一般只用于小型零件的加工。

（3）龙门式数控电火花成形机床　龙门式数控电火花成形机床结构较复杂，应用范围广，常用于大中型零件的加工。

3. 按电极交换方式分类

（1）手动式　即普通数控电火花成形机床，其结构简单、价格低、工作效率低。

（2）自动式　即电火花加工中心，其结构复杂、价格高、工作效率高。

三、电火花成形加工机床的结构

不同品牌的电火花成形机床的外观可能不一样，但主要都是由主机、工作液箱、数控电源柜等部分组成，如图 3-3 所示。

1. 主机

电火花成形机床的主机一般包含床身、立柱、主轴头等，主轴头上装有电极夹，用来装夹及调整电极装置。在装夹电极时，旋转调整螺钉，用百分表校正电极，使电极与工作台面垂直，与 X 或 Y 轴平行。

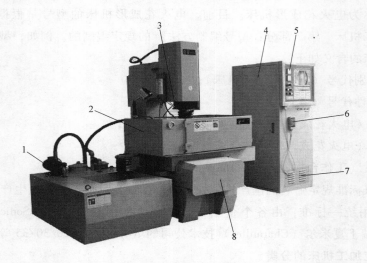

图 3-3 数控电火花成形加工机床的基本组成
1—工作液循环系统 2—工作台及工作液箱 3—主轴头 4—数控装置 5—操作面板
6—手动盒 7—脉冲电源 8—伺服系统

2. 工作液箱

工作液箱在加工中用来存放工作液，目前，我国电火花加工所用的工作液主要是煤油。工作液在电火花加工中的主要作用：使放电加工产生的熔融金属飞散；将加工中生成的粉末状电蚀屑从放电间隙中排除出去；冷却电极和工件表面；放电结束后，使电极与工件之间恢复绝缘。

3. 数控装置

数控装置由操作面板、键盘、手控盒及数控电气装置等组成，它是控制电火花成形机床动作的装置。

（1）输入装置 在机床操作过程中，操作者可以通过键盘、磁盘等装置，将操作指令或程序、图形等输入并控制机械动作。如果输入内容较多，则可以直接连接外部计算机通过连线输入。

（2）输出装置 通过 CRT、磁盘等装置，将电火花加工方面的程序、图形等资料输送出来。

（3）脉冲电源 脉冲电源的作用是把普通交流电转变成频率较高的脉冲电源，提供电火花加工所需的放电能量。它对电火花加工的生产率、表面质量、加工过程的稳定性及工具电极的损耗等工艺指标有很大的影响。

脉冲电源应满足以下要求：①能输出一系列脉冲；②有足够的脉冲放电能量，保证能熔化或汽化工件表面金属；③脉冲波形基本是单向的，有利于减少电极损耗；④脉冲参数应能进行调整，以适应各种材料的加工；⑤电源性能稳定可靠、维修方便。

（4）伺服系统 在实际操作中，当电极与工件距离较远时，由于脉冲电压不能击穿电极与工件的绝缘工作液，故不会产生火花放电；当电极与工件直接接触时，所供给的电流只是流过工件却无法加工工件。正常加工时，电极与工件之间应保持一个微小的距离（5～

$100\mu m$）。

在放电加工中，电极与工件在加工中会逐渐减少。为了保持电极与工件之间有一定的间隙，以便进行正常的放电加工，电极必须随着工件形状的减少而逐渐下降进给。伺服系统的主要作用就是保持电极与工件之间的间隙，使放电加工处于最佳效率状态。

（5）记忆系统　一般电火花成形加工机床的记忆系统主要记忆的文字资料如下：

1）加工条件。电火花加工的加工条件随着电极材料、加工工件材料变化很大，在实际操作中，凭借传统的加工经验较难获得最佳的放电加工效率。目前，大部分电火花成形机床制造商往往广泛收集各种电极与工件之间的加工条件，并将这些加工条件存放在机器的存储器中。在加工中，操作者可以根据具体的加工情况，通过代码调用加工条件。

2）加工模式。电火花加工中，加工速度与加工质量往往相互矛盾。若采用粗加工条件，则加工速度较快而加工质量较差；若采用精加工条件，则加工质量较好而加工速度较慢。为了达到较快的加工速度并且保证加工质量，首先用粗加工条件加工到一定程度再进行精加工。这种加工模式在实际操作中应用广泛。

在实际操作中，操作者需要预先设定粗加工的加工程度和精加工要达到的表面粗糙度要求。

3）程序。电火花加工用的各种程序可以预先编制好并存放在机器的存储器中。现在的电火花成形加工机床的存储器容量都较大，可以存放很多不同的加工程序，极大地方便了加工。

项目二　数控电火花成形加工的操作要领与工艺

任务一　数控电火花成形加工的操作要领

电火花加工的操作步骤大致如下：确定工具电极→电极装夹定位→工件装夹→电规准的选择→电火花加工→检查加工状况。

一、确定工具电极

在电火花成形加工中，电极是专用工具，其形状通过电蚀工艺精确地仿制到工件上，因此必须按照工件的材料、形状及加工要求来选择电极材料和几何形状，并应考虑电极的加工工艺性。

1. 电极材料的选择

在电火花成形加工中，应选择导电性能良好、损耗小、造型容易、加工过程稳定、效率高、来源丰富、价格低廉的材料作为电极。常用电极材料及其性能见表3-2。

表 3-2　常用电极材料及其性能

电极材料	加工稳定性	电极损耗	机械加工性能	适 用 范 围
钢	较差	一般	好	常用于冲压模加工，以凸模为电极
铸铁	一般	一般	好	常用于加工冷冲模的电极
石墨	较好	较小	较好	常用于大型模具加工用电极
纯铜	好	一般	较差	磨削困难，不宜做细微加工用电极
黄铜	好	较大	好	用于加工时可进行补偿的场合
铜钨合金	好	小	一般	价格贵，用于深孔、硬质合金穿孔等
银钨合金	好	小	一般	价格昂贵，多用于精密加工

2. 电极结构和尺寸的确定

电极的结构形式应根据被加工型腔的大小与复杂程度、电极的加工工艺性等因素综合考虑来确定。常用的电极结构形式有整体式电极、组合式电极、镶拼式电极、固定式电极等，如图3-4所示。

电极尺寸主要有长度尺寸和截面尺寸。电极长度应在满足装夹和加工需要的条件下尽量减短，以提高电极的刚度和加工过程稳定性。通常电极的有效长度取工件厚度的2.5～3.5倍，当需用一个电极加工几个工件或加工一个凹模上几个相同的孔时，电极的有效长度可适当加长。

电极的截面尺寸主要从工件图样上得到，通常与工件截面尺寸相差一个放电间隙，即电极的凸形部分应比工件凹形部分均匀缩小一个火花间隙，电极的凹形部分则应比工件的凸形部分均匀放大一个火花间隙。

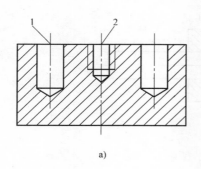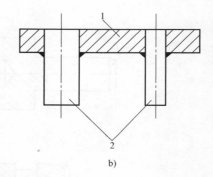

a)　　　　　　　　　　　　　　　　　　　b)

图 3-4　电极的结构形式

a）整体式电极　　　　　　　　　　b）固定式电极

1—减重孔　2—固定用螺孔　　　　　1—固定板　2—电极

3. 电极极性选择

选择工具电极极性的一般原则如下：

1）铜电极对钢选"＋"极性；铜电极对铜选"－"极性；铜电极对硬质合金选"＋""－"极性均可。

2）石墨电极对铜选"－"极性；石墨电极对硬质合金选"－"极性；石墨电极对钢，加工最大半径值在 15μm 以下的孔时选"－"极性，加工最大半径值在 15μm 以上的孔时选"＋"极性。

3）钢电极对钢选"＋"极性。

二、电极装夹定位

1. 电极的装夹

大多采用通用夹具直接将电极装夹在机床主轴下端。常用的电极夹具有标准套筒、钻夹头、标准螺纹夹具等，如图 3-5 所示。

2. 电极的找正

电极装夹后必须进行垂直度校正，找正工具常用精密直角尺和百分表两种，如图 3-6 所示。

3. 定位

加工前的定位是指确定电极与工件之间的相互位置，以确保加工精度。定位方法常用划线法和量块直角尺法。

划线法主要适用于定位要求不高的工件，具体步骤是：先按图样尺寸在工件表面划出型孔轮廓线，然后将已安装正确的电极垂直下降，与工件表面接触并移动工件，使电极端面轮廓与工件划出的轮廓线对正后将工件紧固即可。

量块直角尺法如图 3-7 所示，预先在工件上磨出两个相互垂直的平面作为定位基准面，将精密直角尺与工件的两垂直平面靠紧，然后在直角尺与电极之间放置所需量块，即可确定型孔的位置。此法操作简便、精度高。

三、工件装夹

工件的装夹比较简单，通常工件安装在工作台上，与电极互相定位后用压板和螺钉压紧即可。安装时注意保持工件与电极的相互位置。

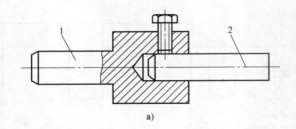

a)

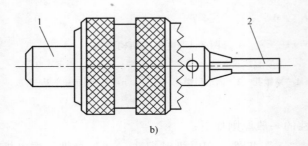

b)

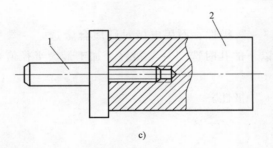

c)

图 3-5　电极装夹形式

a）标准套筒装夹　　　b）钻夹头装夹　　　c）标准螺纹夹具装夹

1—标准套筒　2—电极　1—钻夹头　2—电极　1—标准螺纹夹具　2—电极

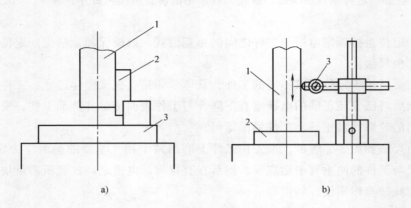

a)　　　　　　　　　　　　　　　　　　　b)

图 3-6　电极垂直度找正方法

a）利用精密直角尺找正　　　　　　　　b）利用百分表找正

1—电极　2—精密直角尺　3—工件　　1—电极　2—工件　3—百分表

四、电规准的选择

电火花加工中所选用的一组电脉冲参数（脉冲宽度、脉冲间隔和峰值电流等）称为电规准。电规准应根据工件的要求、电极和工件材料、加工的工艺指标等因素来选择。

通常粗加工时要求生产率高、工具损耗小，所以粗规准一般选择较大的峰值电流，较宽的脉冲宽度（20～60μs）；中规准采用的脉冲宽度为6～20μs；精规准要求保证工件表面精度和表面粗糙度，故多采用小的峰值电流及窄的脉冲宽度（2～6μs）。

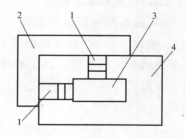

图 3-7　量块直角尺定位法
1—量块　2—直角尺　3—电极　4—工件

任务二　电火花成形加工工艺及其基本规律

一、电火花成形加工的电参数

在电火花成形加工中，电参数的选择对加工的工艺指标起着重要作用，只有正确地选择电参数，才能加工出品质优良的产品。影响电参数选择的因素主要有电极材料、工件材料、电极体积、表面粗糙度、放电间隙、电极损耗、加工速度等。

1. 脉冲宽度（TA）

一般来说，在峰值电流一定的条件下，脉冲宽度越大，表面粗糙度值越大，但电极损耗越小，所以一般粗加工时脉冲宽度选150～600μs，精加工时逐渐减小。

2. 脉冲间隔（TB）

脉冲间隔增大时，电极损耗会增大，但有利于排渣。设有 EDM 自动匹配功能的机床，一般情况下脉冲间隔由自动匹配而定，若发现积碳严重，可将自动匹配后的脉间再加大一档。例如，自动匹配后的脉间为3，可改为4。

3. 峰值电流（BP）

高压脉冲的主要作用是形成先导击穿，有利于加工稳定和提高加工效率。一般加工时，峰值电流选为0～2A；加工大面积或深孔时，可适当加大高压电流，以防止积碳。峰值电流加大时，电极损耗会稍有增加。

4. 低压电流（AP）

在脉间和脉宽一定时，低压电流增大，加工速度提高，电极损耗增加。低压电流的选择应根据电极放电面积确定，若电流密度过大，则容易产生拉弧烧伤。因此，选择低压电流时，应使通过电极加工表面每平方厘米面积的电流不超过6A。

5. 间隙电压

对于间隙电压，粗加工时应选取较低值，以利于提高加工效率；精加工时选取较高值，以利于排渣，一般情况下由机床自动匹配即可。

6. 伺服敏感度

机头上升、下降时间一般由机床自动匹配而定，在积碳严重时，可以减少下降时间或增加上升时间。

二、电火花加工技巧

1) 适宜的排屑是保证加工稳定、顺利进行的关键,通常采用在电极或工件上冲油(喷流)、抽油(吸流),在电极与工件间冲油,以及利用抬刀过程进行挤压排屑等方式进行。对于排屑不良的情况,如在不通孔和在电极或工件上没有冲油孔的型腔加工中,应采用定时抬刀或自适应抬刀的方法以利于排屑。若要求表面粗糙度值越小,则每分钟抬刀次数应越多。

2) 实现无损耗加工或低损耗加工。在起始加工时,由于接触面积较小,应设定小电流进行加工,以保证电极不致受损;待电极与工件完全接触后,再逐步增大加工电流。

3) 以降低表面粗糙度值为目标时,应采用分段加工的方法,即每段采用一组工艺参数,后一段的工艺参数应使得表面粗糙度值比前一段降低1/2,直到达到最终要求。

4) 加工极性一般采用负极性,即工件接负极。

三、影响电火花成形加工的因素

1. 影响加工速度的因素

增大矩形脉冲的峰值电流和脉冲宽度;减小脉间;合理选择工件材料、工作液,改善工作液循环等能提高加工速度。

2. 影响加工精度的因素

工件的加工精度除受机床精度、工件的装夹精度、电极制造及装夹精度影响之外,主要受电极损耗和放电间隙的影响。

1) 电极损耗对加工精度的影响。电极损耗越严重对加工精度的影响越大。

2) 放电间隙对加工精度的影响。

① 由于放电间隙的存在,使加工出的工件型孔或型腔尺寸和电极尺寸相比,沿加工轮廓相差一个放电间隙(单边间隙)。

② 实际加工过程中放电间隙是变化的,加工精度因此受到一定程度的影响。

3. 影响表面质量的因素

脉冲宽度、峰值电流大时,表面粗糙度值就大。

模块四 数控机床的结构

项目一　认识数控机床的机械结构

一、数控机床机械结构的主要组成

数控机床是一种典型的机电一体化产品，是机械和电子技术相结合的产物。

数控机床的机械结构主要由以下几部分组成。

（1）主传动系统　包括动力源、传动件及主运动执行件（主轴）等，它们将驱动装置的运动和动力传给执行机构，以实现主切削运动。

（2）进给传动系统　包括动力源、传动件及主运动执行件（工作台、刀架）等，它们将驱动装置的运动和动力传给执行机构，以实现进给切削运动。

（3）基础支承部件　包括机床的床身、立柱、导轨等，是整个机床的基础和框架。

（4）辅助装置　实现某些部件动作和辅助功能的系统和装置。

二、机械机构的主要特点

数控机床的机械结构和普通机床的机械结构相比，具有以下特点。

（1）支承部件的高刚度化　床身、立柱等采用静刚度、动刚度、热刚度特性都较好的支承构件。

（2）传动机构的简约化　主轴转速由主轴伺服驱动系统来调节和控制，取代了普通机床的多级齿轮传动系统，简化了机械传动结构。

（3）传动元件的精密化　采用效率、刚度和精度等各方面都较好的传动元件，如丝杠螺母副、蜗轮蜗杆副，以及带有塑料层的滑动导轨、静压导轨等。

（4）辅助操作自动化　采用多主轴、多刀架结构，刀具与工件的自动夹紧装置，自动换刀装置，自动排屑装置，自动润滑冷却装置，刀具破损检测、精度检测和监控装置等，改善了劳动条件，提高了生产率。

项目二　数控机床的主传动系统

数控机床的工艺范围很宽，针对不同的机床类型和加工工艺特点，数控机床的主传动系统相对于普通机床而言，尤其突出以下特点：

1）主轴转速高、输出功率大，能满足数控机床高速切削和大功率切削的需要，实现高效率加工。

2）主轴转速的变换迅速可靠，并能实现无级变速，使切削工作始终在最佳状态下进行。

3）为了实现刀具的快速或自动装卸，主轴还要配有自动装卸装置等。

一、主传动系统的变速方式

为了适应数控机床加工范围广、工艺适应性强、加工精度和自动化程度高等特点，要求主传动装置具有很宽的变速范围，并能实现无级变速。目前，数控机床的主传动变速系统有采用齿轮分级变速的，也有采用直流和交流调速电动机无级变速的。随着全数字化交流调速技术的日趋完善，齿轮分级变速传动的使用在逐渐减少。采用交流调速电动机不仅可以大大简化机械结构，而且可以很方便地实现范围很宽的无级变速，还可以按照控制指令连续地进行变速，以便在大型数控车床上车削端面、圆锥面等时，实现恒线速切削，进一步提高机床的工作性能。

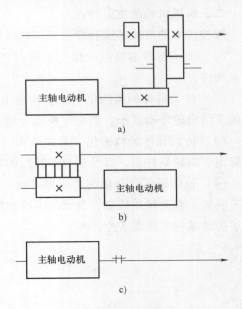

图 4-1　数控机床的主传动方式

数控机床的主传动方式主要有三种，如图 4-1 所示。

（1）带有二级齿轮变速的主传动方式　如图 4-1a 所示，主轴电动机经过二级齿轮变速，使主轴获得低速和高速两种转速系列，这种分段无级变速可确保低速时的大转矩，满足机床对转矩特性的要求，是大中型数控机床采用较多的一种配置方式。

（2）采用定比传动（同步带）的主传动方式　如图 4-1b 所示，主轴电动机经定比传动传递给主轴，定比传动采用齿轮传动或带传动，其实物图形如图 4-2 所示。

（3）由主轴电动机直接驱动的主传动方式　如图 4-1c 所示，电动机轴与主轴用联轴器同轴连接。这种方式大大简化了主轴结构，有效地提高了主轴刚度。近年来出现了一种电主轴（图 4-3），该主轴本身就是电动机的转子，主轴箱体与电子定子相连。其优点是主轴部件结构更紧凑、质量小、惯性小，可提高起动、停止的响应特性；缺点是存在热变形问题。

图 4-2　同步带主传动方式　　　图 4-3　电主轴（电动机直接驱动的主传动方式）

二、主轴单元

数控机床的主轴单元既要满足精加工时精度较高的要求，又要具备粗加工时高效切削的能力，因此在旋转精度、刚度、抗振性和热变形等方面都有很高的要求。在布局结构方面，一般数控机床的主轴部件与其他高效、精密自动化机床没有太大区别，但对于具有自动换刀功能的数控车床，其主轴部件除主轴、主轴轴承和传动件等一般组成部分外，还有刀具自动夹紧、主轴自动准停和主轴装刀孔吹净等装置。

数控机床的主轴单元包括主轴、主轴的支承轴承和安装在主轴上的传动零件等。主轴单元是机床的重要部件，其结构的先进性已成为衡量数控机床水平的标志之一。

1. 主轴及主轴前端结构

机床主轴的端部一般用于安装刀具、夹持工件或夹具。在结构上，应能保证定位准确、安装可靠、连接牢固、装卸方便，并能传递足够大的转矩。目前，主轴端部的结构形状都已标准化，图 4-4 所示为几种通用的主轴结构形式。

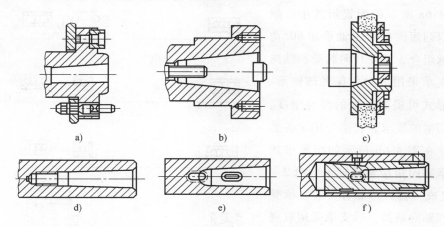

图 4-4　几种通用的机床主轴结构形式

a）数控车床主轴端部　b）铣、镗类机床主轴端部　c）外圆磨床砂轮主轴端部

d）内圆磨床砂轮主轴端部　e）钻床与普通镗床锤杆端部　f）数控镗床主轴端部

2. 主轴轴承及其配置形式

（1）主轴轴承　机床主轴带动刀具或夹具在支承件中作回转运动，需要传递切削转矩，承受切削抗力，并保证必要的旋转精度。数控机床主轴的支承根据主轴部件的转速、承载能力及回转精度等要求的不同而采用不同种类的轴承。一般中小型数控机床（如车床、铣床、加工中心、磨床）的主轴部件多采用滚动轴承；重型数控机床采用液体静压轴承；高精度数控机床（如坐标磨床）采用气体静压轴承；超高转速（2～10万 r/min）的主轴可采用磁力轴承或陶瓷滚珠轴承。在各种类型的轴承中，以滚动轴承的使用最为普遍，图4-5所示为主轴常用的滚动轴承的结构形式。

（2）主轴轴承的配置形式　根据主轴部件的工作精度、刚度、温升和结构的复杂程度合理配置轴承，可以提高主传动系统的精度。采用滚动轴承支承，有许多不同的配置形式，目前数控机床主轴轴承的配置主要有图4-6所示的几种形式。

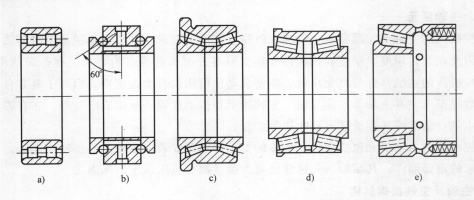

图 4-5　主轴常用的滚动轴承的结构形式

a）双列圆柱滚子轴承　b）双列推力向心球轴承　c）双列圆锥滚子轴承

d）带凸缘双列圆柱滚子轴承　e）带弹簧单列圆锥滚子轴承

在图4-6a所示的配置形式中，前支承采用双列短圆柱滚子轴承和60°角接触球轴承组合，承受径向载荷和轴向载荷，后支承采用成对角接触球轴承。这种配置形式可提高主轴的综合刚度，满足强力切削的要求，普遍应用于各类数控机床。在图4-6b所示的配置形式中，前轴承采用角接触球轴承，由2～3个轴承组成一套，背靠背安装，承受径向载荷和轴向载荷，后支承采用双列短圆柱滚子轴承，这种配置形式适用于高速、重载的主轴部件。图4-6c所示前、后支承均采用成对角接触球轴承，

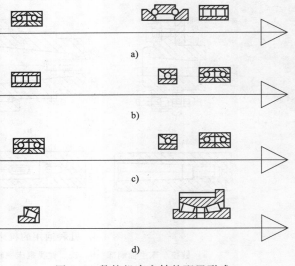

图 4-6　数控机床主轴的配置形式

以承受径向载荷和轴向载荷，这种配置适用于高速、轻载和精密的数控机床主轴。图 4-6d 所示前支承采用双列圆锥滚子轴承，承受径向载荷和轴向载荷，后支承采用单列圆锥滚子轴承。这种配置可承受重载荷和较强的动载荷，安装与调整性能好，但主轴转速和精度的提高受到限制，适用于中等精度、低速与重载的数控机床主轴。

3. 加工中心主轴准停装置

主轴的准停是指数控机床的主轴每次能准确停止在一个固定的位置上。在数控加工中心上进行自动换刀时，需要让主轴停止转动，并且准确地停在一个固定的位置上，以便于换刀。在自动换刀的数控加工中心上，切削转矩通常是通过刀柄的端面键来传递的，这就要求主轴具有准确定位于圆周上特定角度的功能。此外，在进行反镗或反倒角等加工时，也要求主轴能够实现准停，使刀尖停在一个固定的方位上。为此，加工中心的主轴必须具有准停装置。

目前，主轴准停装置主要有机械式和电气式两种。图 4-7 所示为一种利用 V 形槽轮定位盘的机械式准停装置。在主轴上固定一个 V 形槽定位盘，使 V 形槽与主轴上的端面键保持一定的相对位置关系。其工作原理为：准停前主轴必须处于停止状态，当接收到主轴准停指令后，主轴电动机以低速转动，主轴箱内齿轮换档使主轴以低速旋转，时间继电器开始动作，并延时 4~6s，保证主轴转稳后接通无触点开关 1 的电源；当主轴转到图示位置，即 V 形槽轮定位盘 3 上的感应块 2 与无触点开关 1 相接触后发出信号，使主轴电动机停转。另一延时继电器延时 0.2~0.4s 后，液压油进入定位液压缸右腔，使定向活塞向左移动，当定向活塞上的定向滚轮 4 顶入定位盘的 V 形槽内时，行程开关 LS2 发出信号，主轴准停完成。重新起动主轴时，须先让液压油进入定位液压缸左腔，使活塞杆向右移，当活塞杆向右移到位时，行程开关 LS1 发出一个信号，表明定向滚轮 4 退出凸轮定位盘的凹槽，此时主轴可以起动工作。

机械准停装置比较准确可靠，但结构较复杂。现代的数控机床一般采用电气式主轴准停装置，只要数控系统发出指令信号，主轴就可以准确地定向。图 4-8 所示为一种用磁传感器检测定向的电气式主轴准停装置。

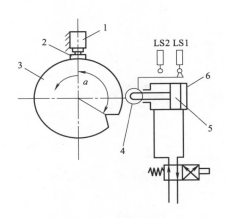

图 4-7　V 形槽轮定位盘准停装置

1—无触点开关　2—感应块　3—V 形槽轮定位盘
4—定向滚轮　5—定向活塞　6—定位液压缸

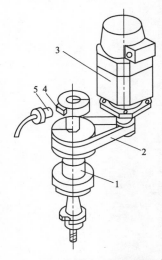

图 4-8　电气式主轴准停装置

1—主轴　2—同步带　3—主轴电动机
4—永久磁铁　5—磁传感器

在主轴上安装有一个永久磁铁 4 与主轴一起旋转，在距离永久磁铁 4 旋转轨迹 1～2mm 处固定有一个磁传感器 5，当机床主轴需要停转换刀时，数控装置发出主轴停转的指令，主轴电动机 3 立即降速，使主轴以很低的转速回转。当永久磁铁 4 对准磁传感器 5 时，磁传感器发出准停信号，此信号经放大后，由定向电路使电动机准确地停止在规定的周向位置上。这种准停装置的机械结构简单，永久磁铁 4 与磁传感器 5 之间没有接触摩擦，准停的定位精度可达 ±1°，能满足一般换刀要求，而且定向时间短、可靠性较高。

项目三　数控机床的进给系统

一、数控机床进给系统概述

数控机床进给传动装置的传动精度、灵敏度和稳定性将直接影响工件的加工精度，因此常采用各种不同于普通机床的进给机构，以提高传动刚性，减少摩擦阻力和运动惯量，避免伺服机构滞后和反向死区等。例如，采用线性导轨（滚动导轨）、塑料导轨或静压导轨代替普通滑动导轨；用滚珠丝杠螺母机构代替普通的滑动丝杠螺母机构，以及采用可消除间隙的齿轮传动副和键联接等。

1. 进给系统的作用

数控机床的进给系统负责接受数控系统发出的脉冲指令，并将其放大和转换后驱动机床运动执行件实现预期的运动。

2. 对进给系统的要求

为保证数控机床具有高的加工精度，要求其进给系统有高的传动精度、高的灵敏度（响应速度快）、工作稳定、有高的构件刚度及使用寿命、小的摩擦及运动惯量，并能清除传动间隙。

3. 进给系统的种类

（1）步进伺服电动机伺服进给系统　一般用于经济型数控机床。

（2）直流伺服电动机伺服进给系统　功率稳定，但因采用电刷，其磨损导致在使用中须进行更换。该系统一般用于中档数控机床。

（3）交流伺服电动机伺服进给系统　应用极为普遍，主要用于中高档数控机床。

（4）直线电动机伺服进给系统　无中间传动链，精度高，进给快，无长度限制；但散热差，防护要求特别高，主要用于高速机床。

二、进给传动机械部件

1. 联轴器

联轴器是用来连接进给机构的两根轴，使之一起回转移传递转矩和运动的一种装置。目前联轴器的类型繁多，有液力式、电磁式和机械式。机械式联轴器的应用最为广泛。

套筒联轴器构造简单、径向尺寸小，但装卸困难（轴须作轴向移动），且要求两轴严格对中，不允许有径向或角度偏差，因此使用时受到一定限制。

挠性联轴器采用锥形夹紧环传递载荷，可使动力传递没有方向间隙。

凸缘式联轴器构造简单、成本低、可传递较大转矩，常用于转速低、轴的刚性大及对中性好的场合。它的主要缺点是对两轴的对中性要求很高，若两轴间存在位移与倾斜，则会在机件内引起附加载荷，使工作状况恶化。

2. 减速机构

（1）齿轮传动　齿轮传动是应用非常广泛的一种机械传动，各种机床的传动装置中几乎都有齿轮传动。在数控机床伺服进给系统中采用齿轮传动装置的目的有两个：一是将高转速、低转矩伺服电动机（如步进电动机、直流和交流伺服电动机等）的输出改变为低转速、大转矩的执行件的输入；二是使滚珠丝杠和工作台的转动惯量在系统中占有较小的比重。此外，对于开环系统还可以保证所要求的运动精度。

为了尽量减小齿侧间隙对数控机床加工精度的影响，经常在结构上采取措施来减小或消除齿轮副的空程误差，如采用双片齿轮错齿法、利用偏心套（图4-9）调整齿轮副中心距或采用轴向垫片调整法（图4-10）消除齿轮侧隙。

（2）同步带传动　同步带传动是一种新型的带传动。它利用同步带的齿形与带轮的轮齿依次啮合传递运动和动力，因而兼有带传动、齿轮传动及链传动的优点，且无相对滑动，平均传动比较准确，传动精度高，而且同步带的强度高、厚度小、重量轻，故可用于高速传动。同步带无需特别张紧，故作用在轴和轴承上的载荷小，传动效率也高，现已在数控机床上广泛应用。

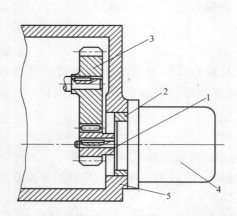 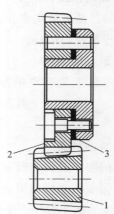

图4-9　偏心套式消除间隙机构图　　　　图4-10　轴向垫片调整结构

3. 滚珠丝杠螺母副

为了提高进给系统的灵敏度、定位精度和防止爬行，必须减少数控机床进给系统的摩擦，并减少静、动摩擦因数之差。因此，行程不太长的直线运动机构常用滚珠丝杠螺母副。

滚珠丝杠螺母副的传动效率高达85%～98%，是普通滑动丝杠螺母副的2～4倍。滚珠丝杠螺母副的摩擦角小于1°，因此不自锁。如果以滚珠丝杠螺母副驱动升降运动（如主轴箱或升降台的升降），则必须有制动装置。

滚珠丝杠螺母副的静、动摩擦因数几乎没有差别，它可以消除反向间隙并施加预载，有助于提高定位精度和刚度。滚珠丝杠由专门工厂制造。

（1）滚珠丝杠螺母副的工作原理（图4-11和图4-12）

（2）轴向间隙的消除（图4-13和图4-14）

（3）滚珠丝杠螺母副制动装置　当机床接收指令脉冲后，将旋转运动通过液压转矩放大器及减速齿轮传动，带动滚珠丝杠螺母副转换为主轴箱的立向（垂直）移动。当步进电动机停止转动时，电磁铁线圈也同时断电，在弹簧作用下摩擦离合器压紧，使得滚珠丝杠不

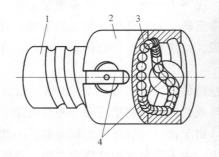

图 4-11 滚珠丝杠螺母副的内循环方式

1—丝杠 2—螺母 3—滚珠 4—回程引导装置

丝杠 1 和螺母 2 的螺纹滚道间置有滚珠 3，当丝杠或螺母转动时，滚珠 3 沿螺纹滚道滚动，则丝杠与螺母之间相对运动时产生滚动摩擦，为防止滚珠从滚道中滚出，在螺母的螺旋槽两端设有回程引导装置 4，它与螺纹滚道形成循环回路，使滚珠在螺母滚道内循环。

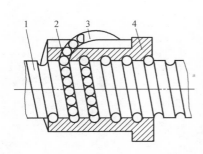

图 4-12 滚珠丝杠副的外循环方式

1—丝杠 2—滚珠 3—回珠管 4—螺母

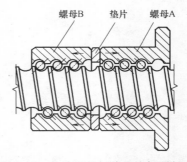

图 4-13 垫片调整间隙和施加预紧力

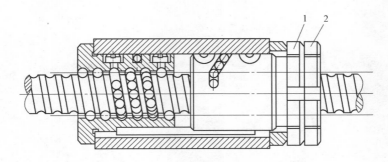

图 4-14 锁紧螺母调整间隙

1、2—锁紧螺母

能自由转动，主轴箱就不会因自重而下沉。超越离合器有时也用滚珠丝杠螺母的制动装置。

（4）滚珠丝杠螺母副保护装置　滚珠丝杠螺母副也可用润滑来提高耐磨性及传动效率。润滑剂可分为润滑脂及润滑油两大类。润滑脂加在螺纹滚道和安装螺母的壳体空间内，润滑油则通过壳体上的油孔注入螺母空间内。

滚珠丝杠螺母副和其他滚动摩擦的传动元件，只要避免磨料微粒及化学活性物质进入，就可以认为这些元件几乎是在不产生磨损的情况下工作的。但如果在滚道上落入了脏物，或使用了肮脏的润滑油，则不仅会妨碍滚珠正常运转，而且会使磨损急剧增加。对于制造误差和预紧变形量以微米计的滚珠丝杠螺母副来说，对这种磨损特别敏感。因此，有效地进行防护密封和保持润滑油的清洁显得十分必要。

通常采用毛毡圈对螺母副进行密封，毛毡圈的厚度为螺距的 2 ~ 3 倍，而且内孔做成螺纹的形状，使之紧密地包住丝杠，并装入螺母或套筒两端的槽孔内。密封圈除了采用柔软的毛毡之外，还可以采用耐油橡皮或尼龙材料。由于密封圈和丝杠直接接触，因此防尘效果较好，但也增加了滚珠丝杠螺母副的摩擦阻力矩。为了避免这种摩擦阻力矩，可以采用由较硬质塑料制成的非接触式迷宫密封圈。

项目四 数控机床工作台和回转刀架

一、直线工作台

直线工作台的形状通常为矩形，滚珠丝杠螺母副中的螺母与工作台相连接，带动其实现进给运动。矩形工作台表面的 T 形槽与工件、附件等连接。图 4-15 所示为直线工作台的内部结构图。

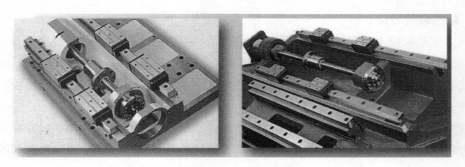

图 4-15 直线工作台的内部结构图

二、回转工作台

回转工作台是数控铣床、数控镗床和加工中心等数控机床不可缺少的重要部件，其作用是使数控机床按照控制指令作分度或回转运动，完成指定的加工工序。常用的回转工作台有分度工作台和数控回转工作台。

1. 分度工作台

分度工作台的功能是按照数控指令完成工作台的自动分度回转动作，将工件转位换面，与自动换刀装置配合使用，在加工过程中实现工件一次装夹、多个面加工的工序集中式加工，提高数控机床的加工效率。通常分度工作台的分度运动只限于某些规定的角度，不能实现 0°~360° 范围内任意角度的分度。为了保证加工精度，分度工作台的定位（定心和分度）精度要求很高，要有专门的定位元件来保证。图 4-16 所示为某型号机床的定位销式分度工作台。

2. 数控回转工作台

为了扩大数控机床的加工性能，适应某些零件加工的需要，数控机床的进给运动除 X、Y、Z 坐标轴的直线进给运动之外，还可以有绕 X、Y、Z 坐标轴的圆周进给运动，分别称为 A、B、C 轴。数控机床的圆周进给运动一般由数控回转工作台来实现。由于数控回转工作台能实现自动进给，所以它在结构上和数控机床的进给驱动机构有许多共同点。不同之处在于，数控机床的进给驱动机构实现的是直线进给运动，而数控回转工作台实现的是圆周进给运动。数控回转工作台分为开环和闭环两种。图 4-17 所示为数控回转工作台的结构图。

图 4-16 定位销式分度工作台结构

图 4-17 数控回转工作台结构图

三、数控回转刀架

回转刀架是数控车床上使用的一种简单的自动换刀装置，有四方刀架和六角刀架等多种形式，回转刀架上分别安装有 4 把、6 把或更多的刀具，并按数控指令进行换刀。回转刀架又有立式和卧式之分，立式回转刀架的回转轴与机床主轴成垂直布置，其结构比较简单，经济型数控车床多采用这种刀架。

回转刀架在结构上必须具有良好的强度和刚度，以承受粗加工时的切削抗力和减少刀架在切削力作用下的变形，提高加工精度。回转刀架还要选择可靠的定位方案和合理的定位结构，以保证其在每次转位之后具有较高的重复定位精度（一般为 0.001～0.005mm）。图 4-18 所示为螺旋升降式四方刀架。

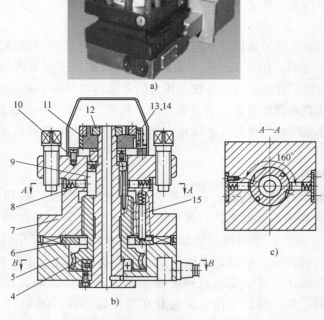

图 4-18 螺旋升降式四方刀架的结构

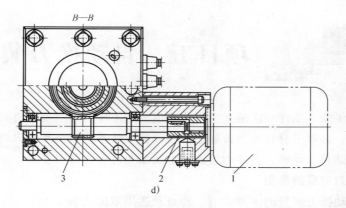

图 4-18　螺旋升降式四方刀架的结构（续）

1—电动机　2—联轴器　3—蜗杆轴　4—蜗轮丝杠　5—刀架底座　6—粗定位盘　7—刀架体　8—球头销
9—转位套　10—电刷座　11—发信体　12—螺母　13、14—电刷　15—粗定位销

项目五　自动换刀装置

数控机床为了能在工件一次装夹中完成多道加工工序，缩短辅助时间，减少多次安装工件所引起的误差，必须带有自动换刀装置。自动换刀装置应当满足换刀时间短、刀具重复定位精度高、刀具储存量足够、刀库占地面积小及安全可靠等基本要求。

一、自动换刀装置的类型

数控机床自动换刀装置的主要类型、特点及适用范围见表 4-1。

表 4-1　自动换刀装置的主要类型、特点及适用范围

类　型		特　点	适用范围
回转刀架	回轮刀架	多为顺序换刀，换刀时间短，结构简单紧凑，容纳刀具较少	各种数控车床、车削中心
	转塔刀架	顺序换刀，换刀时间短，刀具主轴都集中在转塔头上，结构紧凑，但刚性较差，刀具主轴数受限制	数控钻床、数控镗床、数控铣床
刀库式	刀库与主轴之间直接换刀	换刀运动集中，运动部件少。但刀库运动多，布局不灵活，适应性差	各种类型的自动换刀数控机床，尤其是对使用回转类刀具的数控镗铣床，钻镗类立式、卧式加工中心机床，要根据工艺范围和机床特点，确定刀库容量和自动换刀装置类型。也用于加工工艺范围广的立、卧式车削中心
	用机械手配合刀库进行换刀	刀库只有选刀运动，机械手进行换刀，比刀库换刀运动惯性小，速度快	
	用机械手、运输装置配合刀库换刀	换刀运动分散，由多个部件实现，运动部件多，但布局灵活、适应性好	
有刀库的转塔头换刀装置		弥补了转塔换刀数量不足的缺点，换刀时间短	扩大工艺范围的各类转塔式数控机床

二、自动换刀装置的作用

自动换刀装置可帮助数控机床节省辅助时间，并满足在一次安装中完成多工序、多工步的加工要求。

三、对自动换刀装置的要求

数控机床对自动换刀装置的要求是换刀迅速、时间短，重复定位精度高，刀具储存量足够，所占空间小，工作稳定可靠。

四、换刀形式

1. 回转刀架换刀

回转刀架换刀的结构类似于普通车床上的回转刀架，根据加工对象不同可设计成四方或六角形式，由数控系统发出指令进行回转换刀。

2. 更换主轴头换刀

各主轴头预先装好所需刀具，依次转至加工位置，接通主运动，带动刀具旋转。该方式的优点是省去了自动松夹、装卸刀具、夹紧及刀具搬动等一系列复杂操作，缩短了换刀时间，提高了换刀可靠性。

3. 刀库换刀

将加工中所需刀具分别装于标准刀柄，在机外进行尺寸调整之后按一定方式放入刀库，由交换装置从刀库和主轴上取刀交换。

五、刀具交换装置

在自动换刀装置中，实现刀库与主轴间传递和装卸刀具的装置称为刀具交换装置。刀具交换方式常用两种：机械手换刀（图4-19）和由刀库与机床主轴的相对运动换刀（刀库移至主轴处换刀或主轴运动到刀库换刀位置换刀），其中以机械手换刀更为常见。

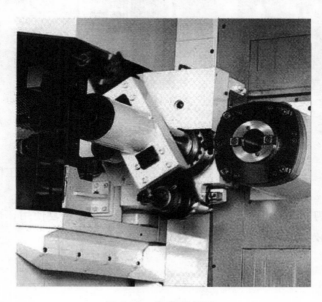

图 4-19　机械手换刀

六、刀库

刀库是自动换刀装置中最主要的部件之一，其容量、布局及具体结构对数控机床的总体设计有很大影响。

1. 刀库容量

刀库容量是指刀库存放刀具的数量，一般根据加工工艺要求而定。刀库容量小，则不能满足加工需要；容量过大，又会使刀库尺寸大，选刀过程时间长，且刀库利用率低，结构过于复杂，造成很大浪费。

2. 刀库类型

刀库类型一般有盘式、链式及鼓轮式三种，如图4-20所示。

（1）盘式刀库　刀具呈环行排列，空间利用率低，容量不大，但结构简单。

（2）链式刀库　结构紧凑，容量大，链环的形状也可随机床布局制成各种形式而灵活多变，还可将换刀位凸出以便于换刀，应用较为广泛。

（3）鼓轮式或格子式刀库结构紧凑，容量大，但选刀、取刀动作复杂，多用于柔性制造系统的集中供刀系统。

3. 选刀方式

常用的选刀方式有顺序选刀和任意选刀两种。

顺序选刀是在加工前，将加工所需刀具依工艺次序插入刀库刀套中，顺序不能有差错，

a)   b)   c)

图 4-20   刀库类型

a) 盘式刀库   b) 链式刀库   c) 鼓轮式刀库

加工时按顺序调刀。工件变更时，须重调刀具顺序，操作烦琐，且加工同一工件过程中刀具不能重复使用。

任意选刀是指刀具均有自己的代码，加工中可任选且可重复使用，也不用放于固定刀座上，装刀、选刀都较方便。

项目六 数控机床支承部件

一、床身

床身是机床的主体，是整个机床的基础支承部件，一般用来放置导轨、主轴箱等重要部件，其结构对机床的布局有很大的影响，如图 4-21 所示。

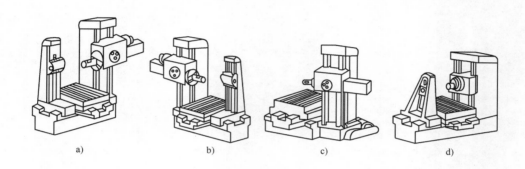

a)   b)   c)   d)

图 4-21 机床常见的布局形式

图 4-21a、b、c 的主轴箱单面悬挂在立柱侧面，自重、切削力将使立柱产生弯曲和扭转变形；而采用图 4-21d 所示的布局形式，加工中心的主轴箱置于立柱对称平面内，切削力引起的变形将显著减小。这就相当于提高了机床的刚度。

二、导轨

导轨按运动轨迹可分为直线导轨和回转导轨；按工作性质可分为主运动导轨、进给运动导轨和调整导轨；按接触面的摩擦性质可分为滑动导轨、滚动导轨和静压导轨三类。

1. 滑动导轨

滑动导轨具有结构简单、制造方便、刚度及抗振性好等优点，是机床上使用最广泛的导轨形式。但一般滑动导轨具有静摩擦因数大、动摩擦因数不稳定等缺点，低速时易出现爬行现象，从而影响了运动部件的定位精度。为了改善滑动导轨的摩擦特性，可选用合适的导轨材料、热处理及加工方法，如采用优质铸铁、合金耐磨材料导轨等。由 20 世纪 70 年代以后出现的各种工程塑料制造的贴塑导轨，可以满足机床导轨低摩擦、耐磨、无爬行和高刚度的要求。

2. 滚动导轨

滚动导轨是在导轨面之间放置滚珠、滚柱或滚针等滚动体，使导轨面之间为滚动摩擦而不是滑动摩擦。滚动导轨与滑动导轨相比具有以下优点：摩擦阻力小、运动均匀，尤其是在低速时无爬行现象；定位精度高，重复定位精度可达 $0.2\,\mu m$；使用寿命较长。其缺点是抗振性较差，对防护的要求较高，而且结构复杂，制造较为困难，成本较高。

3. 静压导轨

液体静压导轨是将具有一定压力的油液，经节流器输送到导轨面上的油腔中，形成承载油膜，将相互接触的导轨表面隔开，实现液体摩擦。这种导轨的摩擦因数小（一般为 0.005 ~ 0.001），机械效率高，能长期保持导轨的导向精度；承载油膜有良好的吸振性，低速下不易产生爬行，所以在机床上得到了日益广泛的应用。这种导轨的缺点是结构复杂，且须备置一套专门的供油系统。

项目七　数控机床的辅助装置

一、液压和气动装置

现代数控机床中，除数控系统外，还需要配备液压和气动等辅助装置。所用的液压和气动装置应结构紧凑、工作可靠，易于控制和调节。虽然液压和气动装置的工作原理类似，但适用范围却有所不同。

液压传动装置由于使用工作压力高的油性介质，因此机构出力大，机械结构更紧凑，动作平稳可靠，易于调节且噪声较小，但要配置液压泵和油箱，油液渗漏时会污染环境。气动装置的气源容易获得，机床可以不单独配置动力源，装置结构简单，工作介质不污染环境，工作速度快，动作频率高，适合完成频繁起动的辅助工作。

液压和气动装置在机床中能实现和完成如下辅助功能：

1）自动换刀所需的动作，如机械手的伸、缩、回转和摆动，刀柄的松开和拉紧动作。

2）机床运动部件的平衡，如机床主轴箱的重力平衡、刀库机械手的平衡装置等。

3）机床运动部件的制动和离合器的控制，如齿轮拨叉挂档等。

4）机床的润滑和冷却。

5）机床防护罩、板、门的自动开关。

6）工作台的松开、夹紧，交换工作台的自动交换动作。

7）夹具的自动松开、夹紧。

8）工件、刀具定位面和交换工作台的自动吹屑清理等。

二、排屑装置

数控机床在单位时间内的金属切削量大大高于普通机床，工件在加工过程中会产生大量切屑。这些切屑占据一定的加工区域，如果不及时排除，就会覆盖或缠绕在工件或刀具上，阻碍机械加工的顺利进行，并且炽热的切屑会引起机床或工件产生热变形，从而影响加工精度。因此，数控机床上必须配备排屑装置（图4-22），它是现代数控机床必备的辅助装置。排屑装置的作用就是快速地将切屑从加工区域排出数控机床之外。数控车床和数控磨床加工过程中产生的切屑中往往混合着切削液，排屑装置从其中分离出切屑，并将它们送入切屑收集箱（车）内，而切削液则被回收到切削液箱。数控铣床、加工中心和数控铣镗床的工件安装在工作台面上，切屑不能直接落入排屑装置，故往往需要采用大流量切削液冲刷或压缩空气吹扫等方法使切屑进入排屑槽，然后回收切削液并排出切屑。

排屑装置是一种具有独立功能的附件，它的工作可靠性和自动化程度随着数控机床技术的发展而不断提高。各主要工业国家都已研究开发了各种类型的排屑装置，并广泛应用在各类数控机床上。这些装置已逐步标准化和系列化，并由专业工厂生产。数控机床排屑装置的结构和工作形式应根据机床的种类、规格、加工工艺特点、工件的材质和使用的切削液种类等来选择。

排屑装置的安装位置一般应尽可能靠近刀具切削区域。例如，车床的排屑装置装在回转工件下方，铣床和加工中心的排屑装置装在床身的回液槽上或工作台边侧位置，以利于简化机床或排屑装置的结构，减小机床占地面积，提高排屑效率。排出的切屑一般都落入切屑收集箱或小车中，有的则直接排入车间的集中排屑系统。

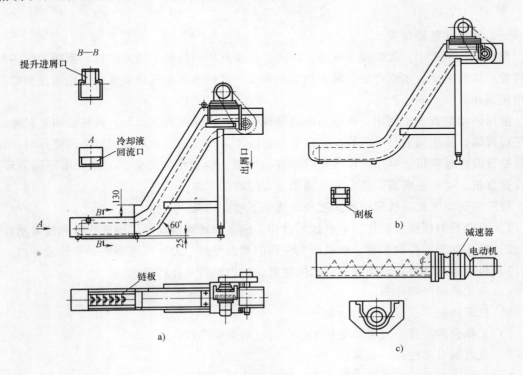

图 4-22　排屑装置

三、其他辅助装置

数控机床除了上述的液压和气动装置、自动排屑装置外，还有自动润滑系统、冷却装置、刀具破损检测装置、精度检测装置和监控装置等辅助装置。

项目八　数控机床的位置检测装置

一、位置检测元件的分类及要求

1. 位置检测元件的技术指标

分辨率为位置检测装置所能测量的最小移动量，分辨率不仅取决于检测元件还取决于测量电路。

2. 位置检测元件的分类

（1）直接测量　全闭环，不受传动精度的影响，如直线光栅尺和感应同步器等。

（2）间接测量　半闭环，检测角度，受传动精度的影响，如光电编码器、旋转变压器等。

3. 速度检测元件

常用速度检测元件有测速发电机、光电编码器等对其要求为：

1）工作可靠，抗干扰性强。

2）满足精度、速度和测量范围的要求。

3）使用维护方便，适合机床的工作环境。

4）易于实现高速的动态测量和处理，易于实现自动化。

5）成本低。

二、光电编码器

充电编码器由光源、指示光栅、圆光栅、光电元件等组成，如图 4-23 所示。

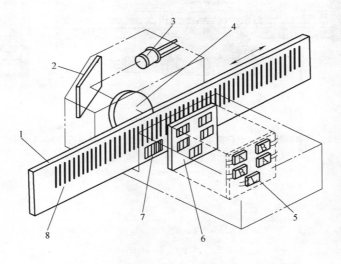

图 4-23　光电编码器的组成

1—玻璃　2—反射镜　3—光源（LED）　4—透镜　5—光电元件

6—索引扫描板　7—原点信号刻度　8—主信号用网状格子

三、光栅尺（图4-24）

1. 光栅尺的种类

1）按工作原理，可分为物理光栅尺和计量光栅尺。计量光栅又可分为测量线位移的长光栅和测量角位移的圆光栅。

2）按测量基准，可分为增量式光栅尺和绝对式光栅尺。

2. 光栅尺的结构

光栅尺由光源、指示光栅、标尺光栅、光电元件等组成。

3. 光栅尺的工作原理

1）指示光栅与标尺光栅刻度等宽。

2）平行装配，且无摩擦。

3）两尺条纹之间有一定夹角。

4）当指示光栅与标尺光栅发生相对运动时，会产生与光栅线垂直的横向条纹，该条纹为莫尔条纹，当移动一个栅距时，莫尔条纹也移动一个纹距。

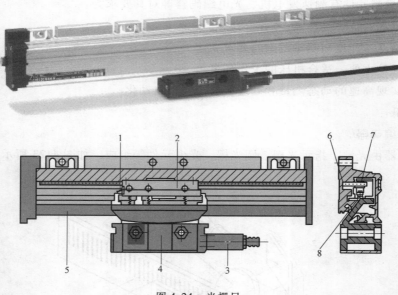

图 4-24 光栅尺

1—精密连接器 2—扫描单元 3—转接电缆 4—安装块 5—密封条

6—DIADUR-标尺 7—光电池 8—光源

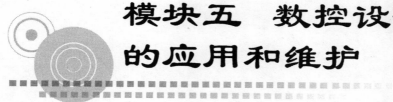

模块五　数控设备的应用和维护

项目一　数控设备的选用

在当前机械制造业中，随着数控设备和各相关配套技术的发展，企业越来越多地选用数控机床，以提高企业机床设备数控化率及企业的生产能力和产品竞争力。但是，如何从品种繁多、价格昂贵的设备中选择适用的设备，是企业十分关心的问题。以下介绍选择数控机床时应考虑的一些问题。

一、数控机床投资考虑

从提高机床设备数控化率的途径来说，有购置新的整台数控机床和进行机床数控改造两大方案。这与企业现有设备状况、技术力量、经济实力等因素有关。比如对于一些老企业，由于设备役龄年限较长，如果全部报废更新，则需要大量的投资。这时可以通过对部分机床进行大修，恢复其机械精度，再配上合适的数控系统及其他有关附件，使其成为能满足产品加工要求的数控机床。这样做只需花较少的费用，就能达到数控自动加工的要求，同时通过机床数控改造，也可较好地培养和增强企业自身对数控机床维修和设备管理的技术力量。

新的整台数控机床，目前按价格和功能比又可分为经济型和全功能型两大类。一般经济型数控机床的价格为普通机床的 2~6 倍，而高档的全功能型数控机床的价格是普通机床的十几倍。因此，要考虑合理化投资背景。

在购置新机床前，应明确以下问题：①机床的工作空间；②机床必须配备哪些装置和具备哪些性能（驱动功率、刀具数目、控制方式、精度、专用附件）；③每年利用这台机床的时间。此外，还应制订"期望性工件种类表"，即按计划需要在购买的机床上加工的全部工件清单。根据这些工件预期的年产量和每件的加工时间，计算出机床每年使用的台时数。这些数据是衡量这台机床能否得到充分利用的指标之一，同时也是以后经济计算的依据。

二、机床类型的选择

根据所加工零件的几何形状选用相应的数控机床，以发挥数控机床的效率和特点。例如：加工形状比较复杂的轴类零件和由复杂回转曲线形成的模具内型腔时，应选择数控车床；加工箱体、箱盖、平面凸轮、样板、形状复杂的平面或立体零件，以及模具的内、外型腔等时，应选择立式镗铣床或立式加工中心；加工复杂的箱体类零件、泵体、阀体、壳体等时，可选择卧式加工中心或卧式镗铣床；加工各种复杂的曲线、曲面、叶轮、模具等时，可选用多坐标联动的卧式加工中心。

三、机床精度的选择

所选择的数控机床应能满足零件的加工精度要求。在满足精度要求的前提下，应尽量选用一般的数控机床，以降低成本。

1. 数控系统的选择

所选择的数控机床的数控系统应能满足加工需要。一般数控系统生产厂家对系统的评价往往是具备基本功能的系统很便宜，而用户特定选择的功能却较贵，所以要根据加工要求和机床性能进行选择。另外，在选择数控系统时，应尽量选用与企业内已有数控机床中相同类型的数控系统，这对今后的操作、编程、维修等都会带来较大的方便。不同档次数控系统的功能及指标见表5-1。

表 5-1　不同档次数控系统的功能及指标

档次　　　功能	档次	中档	高档
系统分辨率/μm	10	10	0.1
G00 速度/(m/min)	3 ~ 8	10 ~ 24	24 ~ 100
伺服类型	开环及步进电动机	半闭环及直、交流伺服	闭环及直、交流伺服
联动轴数	2 ~ 3 轴	2 ~ 4 轴	5 轴或 5 轴以上
通信功能	无	RS - 232C 或 DNC	RS - 232C、DNC、MAP
显示功能	数码管显示	CRT:图形、人机对话	CRT:三维图形、自诊断
内装 PLC	无	有	强功能,内装 PLC
主 CPU	8 位、16 位 CPU	16 位、32 位 CPU	32 位、64 位 CPU
结构	单片机或单板机	单微处理机或多微处理机	分布式多微处理机

2. 机床大小的选择

所选用数控机床的加工范围应能满足零件加工的需要。数控机床的主参数及尺寸参数也应满足加工需要。如最大圆弧直径、各坐标方面的行程距离、工作台面的尺寸等应满足安放工件和夹具的需要及加工要求。

3. 自动换刀装置（ATC）的选择

自动换刀装置（ATC）是加工中心、车削中心和带交换冲头数控冲床的基本特征。尤其是对于加工中心，ATC 装置的投资往往占整机的 30% ~ 50%。因此，应十分重视 ATC 的工作质量和刀库储存量，ATC 的工作质量主要表现为换刀时间和故障率。

经验表明，加工中心故障中有 50% 以上与 ATC 有关。因此，用户应在满足使用要求的前提下，尽量选用结构简单和可靠性高的 ATC，以降低整机的价格。

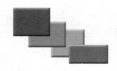

项目二　数控设备的安装、调试和验收

一、数控设备的安装

数控机床的安装、调试是指机床从生产厂家发货到用户后，安装到工作场地直到能正常工作所应完成的工作过程。这一工作过程一般由机床制造商在用户的配合下完成。

对于小型机床，其安装和调试工作比较简单，到安装场地后一般不需组装连接。由于它的整体刚性较好，一般只要通上电，将机床调整水平后就可正常使用。对于大中型数控机床，由于运输等原因，在机床发货之前已经解体成几个部分，分箱包装运输。当机床到达用户单位后要进行组装和重新调试，工作较复杂。

下面以不需要组装的中小型机床为例，简单介绍数控机床的一般安装和调试过程。

1. 对安装地基和安装环境的要求

安装机床前应首先选择一块平整的地方，占地面积包括机床本身的占地面积和维修占地面积。根据机床生产厂商提供的地基图，决定安装空间并做好地基。

机械安装的场地应尽量避免易传导振动、湿气大、靠近热源或阳光直射的情况。通常情况下，为防止地基下沉或倾斜，应尽可能使用混凝土地面。如果机床的附近有振动源，则须考虑在机器周围设置避振措施。

2. 数控机床的安装步骤

（1）拆箱　拆箱或搬运前，工作人员须特别注意包装箱上所标示的符号，避免不当的作业方法毁坏机床部件。拆卸工具一般有天车或叉车、剪刀、螺钉旋具、活扳手、起钉器等。拆箱过程应避免物体脱落而损伤机床工作台。

机床拆箱后，按照机床装箱清单，清点包装箱内的部件、资料、电缆等是否齐全，并妥善保管好机床的随机文件资料。

（2）吊装及定位　应严格按照机床说明书所述的方法进行吊装，并调整好垫板、垫铁、地脚螺栓等辅件。为了便于维修，机床安装的位置必须预留足够的空间，以满足机械、电气维修的需要。清除机床工作台上面的固定块等部件，并清除工作台、电气柜内的其他杂物。

吊运机床时，应特别小心避免机床 CNC 系统、高压开关板等受到冲击。在吊运机床之前，应检查各部位是否牢固不动，机床上有无不该放置的物品等。

（3）清洁　为了防锈，机床的滑动表面和一些金属件表面已涂上了一层防锈剂。在运输过程中，土、灰尘、砂粒和脏物等很可能会进入防锈涂层中，所以，一定要将各部上的防锈涂层清理干净。清洁后须在其表面涂润滑油，否则不能开动机床。

（4）机床水平调整方法　吊起机床，将地脚螺栓和垫铁放入调水平螺栓孔中，然后将机床慢慢放下，使地脚螺栓按地基图的规定进入地脚螺栓孔中。将楔铁打入床身的下面，进行临时性水平调整，作粗调平。完成调整以后，用水泥将地脚螺栓固定。例如，使用防振垫铁可直接放置于平整的水泥地面上。

采用两支精度不小于 0.02mm/格的水平仪，并确保水平仪本身处于绝对水平状态。如图 5-1 所示，将水平仪置于工作台中央，然后调整地脚螺栓将水平气泡调至中间点；分别移动 X、Y 轴于其行程的两端和中点，观察水平仪气泡位置，并调整地脚螺栓，确保水平误差在 0.02mm/1000mm 以内。水平调整完成后，应当把地脚螺栓和调水平螺母牢牢地拧紧，以确保水平精度不变。

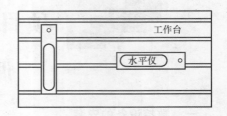

图 5-1　工作台水平调整示意图

（5）接地　尽可能将机床电气柜中的信号地、强电地、机床接地等连接到一点后，经工厂供电系统的接地线接地。需要数控机床单独接地时，须将信号地、强电地、机床接地等连接后再埋入地下。接地线应使用 $14mm^2$ 以上的绝缘线，且接地电阻应小于 4Ω。

（6）其他必要工作　连接好油管和气管，连接时应特别注意清洁工作和保证可靠的接触与密封，并要随时检查有无松动与损坏。在油管与气管的连接中，要特别防止异物从接口进入管路，造成液压系统出现故障。管路连接时，每个接头都要拧紧，否则试车时，分油器上如果有一根管子漏油，往往需要拆下一批管子，返工的工作量很大。电缆和油管连接完毕后，要做好各管线的就位固定以及防尘罩的安装工作，保证其具有整齐的外观。

二、数控设备的调试

1. 通电前的外观检查

机床在供货时往往带有一些安全设备，以防止操作人员和设备受伤害或损坏。操作者在开机前还应弄懂机床各种标牌的内容及下述规定再开机工作。

（1）机床电气检查　打开机床电气箱，检查继电器、接触器、熔断器和伺服电动机速度控制单元插座等有无松动，如有松动应恢复正常状态。有锁紧机构的接插件一定要锁紧，有转接盒的机床一定要检查转接盒上的插座、接线有无松动。

（2）CNC 系统电箱检查　打开系统 CNC 电箱门，检查各类接口插座、伺服电动机反馈线插座、手摇脉冲发生器插座和 CRT 插座等，如有松动要重新插好，有锁紧机构的一定要锁紧。

（3）接线检查　检查所有的接线端子。

（4）电磁阀检查　所有的电磁阀要用手推动数次，以防长时间不通电造成的动作不良。如发现异常，应做好记录，以备通电后确认修理或更换。

（5）限位开关检查　检查所有限位开关的灵活性和固定是否牢固。

（6）操作面板上按钮及开关检查　检查操作面板上的所有按键、开关、指示灯的接线，发现有误应立即处理。

（7）地线检查　要有良好的地线，机床接地电阻一般要求小于 7Ω。

（8）电源相序检查

2. 机床总电源的接通

（1）接通机床总电源　检查 CNC 系统电箱、主轴电动机冷却风扇、机床电气冷却风扇的转向是否正确，润滑、液压等处的油标指示以及机床照明灯是否正常，如有异常应立即停止。

（2）测量强电各部分的电压　特别要测量供 CNC 系统及伺服单元用的电源变压器的二级电压，并做好记录。

3. CNC 系统通电

1）按 CNC 系统电源开按钮，接通 CNC 系统电源，观察显示器的显示画面，直到出现正常画面为止。如果出现报警显示，应该寻找故障并排除，然后重新送电检查。

2）打开 CNC 系统电箱，根据有关资料中给出的测试端子的位置测量各级电压，有偏差的应调整到给定值，并做好记录。

3）将状态开关置于适当的位置，如 FANUC 系统应置于 MDI（手动输入）状态来修改参数。

4）将状态调到 JOG（点动）模式，将点动速度选择最低档，缓慢移动机床各轴，检查限位开关的可靠性。

5）进行机床回零操作，检查回零动作的正确性。

6）选择 JOG 或 MDI 模式，检查主轴各档转速时机床的平稳性。

7）进行手动导轨润滑试验，保证导轨有良好的润滑。

8）进行换刀试验，检查换刀动作的可靠性。

9）选择其他操作模式，并编写简单的数控加工程序进行加工试验。

4. 外围设备试验

1）将计算机与机床相连，进行程序传输和参数备份。

2）其他外围设备的检查。

以上所述为数控机床的一般调试方法，根据具体机床型号、规格等的不同，其调试过程会有所不同。在数控机床通电调试的过程中，应做好随时按压急停按钮的准备，以备随时切断伺服系统进给使能信号，阻止各轴的运动，防止意外事故发生。

三、数控机床的验收与精度检测

数控机床的验收往往是与安装、调试工作同步进行的，如机床开箱检查和外观检查合格后才能进行安装、调试工作。下面简单介绍数控机床验收的内容。

1. 货物及技术资料的验收

数控机床一般由机床制造商负责调试安装，经用户检验合格后，用户才负责验收设备。所以对用户来讲，主要的验收工作是按照购买合同进行运输货物验收和数控机床调试完成后数控机床整体、机床附件及技术资料等的验收。特别是应妥善保管好机床相关的技术资料，它是以后进行机床维护维修的重要资料。

2. 数控机床的精度检测

数控机床的精度包括几何精度、定位精度和切削精度。一方面，数控机床加工的高精度特性最终要靠机床本身的精度来保证；另一方面，数控机床各项性能的好坏及数控功能能否正常发挥作用将直接影响机床的正常使用。因此，数控机床的精度检测对初始使用的数控机床及维修调整后机床的技术指标恢复是很重要的。

（1）数控机床几何精度的检测　数控机床几何精度的检测，又称静态精度检测。目前，检测机床几何精度的常用工具有精密水平仪、精密方箱、直角尺、平尺、平行光管、千分表、高精度检验棒及刚性好的千分表杆等。检测工具的精度必须比所测的几何精度高一个等级，否则测量的结果将是不可靠的。每项几何精度的具体检测方法可按照 GB/T 21948.2—2008《数控升降台铣床检验条件　精度检验　第 2 部分：立式铣床》、GB/T 18400.9—2007《加工中心检验条件　第 9 部分：刀具交换和托板交换操作时间的评定》等标准的要求进行，也可按机床出厂时几何精度检测项目的要求进行。

在对数控机床几何精度进行检测时，对机床地基有严格的要求，应当在地基及地脚螺栓的固定混凝土完全固化后进行检测。精调时，应把机床的主床身调到较精确的水平面以后，再精调其他几何精度。对于互相关联的几何精度项目，如在立式加工中心的检测中，如发现 Y 轴和 Z 轴方向移动的相互垂直度误差较大，则可以适当调整立柱底部床身的地脚垫铁，使立柱适当前倾或后仰以减小该项误差。但这样会改变主轴回转轴线对工作台面的垂直度误差。因此，各项几何精度的检测工作应在精调后一次完成，不允许检测一项调整一项，否则会导致之前的检测项目不合格。

另外，机床几何精度的检测应在机床稍有预热的条件下进行。所以在机床通电后，各移动坐标应往复运动几次，主轴也应按中速回转几分钟后再进行检测。以普通立式加工中心为例，该机床几何精度的检测内容如下：

1）工作台面的平面度（检验工具：水平仪）。

2）各坐标方向移动的相互垂直度（检验工具：直角尺、千分表）。

3）X 坐标方向移动时工作台面的平行度（检验工具：千分表）。

4）Y 坐标方向移动时工作台面的平行度（检验工具：千分表）。

5）X 坐标方向移动时工作台面 T 形槽侧面的平行度（检验工具：千分表）。

6）主轴的轴向窜动（检验工具：主轴试棒、千分表）。

7）主轴孔的径向圆跳动（检验工具：主轴试棒、千分表）。

8）主轴箱沿 Z 坐标方向移动时，主轴轴线的平行度（检验工具：主轴试棒、千分表）。

9）主轴回转轴线对工作台面的垂直度（检验工具：千分表）。

10）主轴箱在 Z 坐标方向移动时的直线度（检验工具：水平仪）。

卧式加工中心几何精度的检测内容与立式加工中心几何精度的检测内容大致相同，仅多几项与平面转台有关的几何精度检测。

数控车床的检测项目也与加工中心相似，还需要检测主轴轴线与刀具中心线的偏离程度、床身导轨面平行度、往复工作台 Z 轴方向运动与尾座中心线的平行、主轴与尾座中心线之间的高度偏差和尾座回转径向圆跳动等项目。

（2）数控机床定位精度的检测　数控机床定位精度是指机床各坐标轴在数控系统控制下运动所能达到的位置精度。数控机床的定位精度可以理解为机床的运动精度。普通机床采用手动进给，其定位精度主要取决于读数误差，而数控机床的移动是靠数字程序指令实现的，故其定位精度取决于数控系统的控制精度和机械传动误差。机床各运动部件的运动是在数控系统的控制下完成的，各运动部件所能达到的精度直接反映加工零件所能达到的精度。

所以，定位精度是一项很重要的检测内容。

数控机床定位精度主要检测以下内容：

1）各直线运动轴的定位精度和重复定位精度（检验工具：激光干涉仪）。

2）直线运动各轴机械原点的复位精度（检验工具：激光干涉仪）。

3）直线运动各轴的反向误差。

4）回转运动（回转工作台）的定位精度和重复定位精度。

5）回转运动的反向误差。

6）回转轴原点的复位精度。

检测直线运动的工具有测微仪和成组量块、标准刻度尺、光学读数显微镜和双频激光干涉仪等。回转运动的检测工具有 36°齿精确分度的标准转台或角度多面体、高精度圆光栅及平行光管等。

（3）数控机床切削精度的检验　数控机床的切削精度又称动态精度，是一项综合精度。它不仅反映了机床的几何精度和定位精度，同时包括了由试件的材料、环境温度、数控机床刀具性能以及切削条件等各种因素造成的误差和计量误差。为了反映机床的真实精度，要尽量排除其他因素的影响。切削试件时，可参照 GB/T 20957.7—2007《精密加工中心检验条件　第 7 部分：精加工试件精度检验》的有关要求进行，或按机床厂规定的条件，如试件材料、刀具技术要求、主轴转速、背吃刀量、进给速度、环境温度及切削前机床的空运转时间等进行。切削精度检测可分为单项加工精度检测和加工一个标准的综合性试件精度检测两种。切削加工试件的材料除有特殊要求外，一般都采用一级铸铁，使用硬质合金刀具按标准的切削用量进行切削。

对于普通立式加工中心，其主要单项加工精度检测项目如下。

（1）镗孔精度检测　该项精度与切削时使用的切削用量、材料、切削刀具的几何角度等都有一定的关系，主要是考核机床主轴动精度及低速走刀时的平稳性。现代数控机床中，主轴都装配有高精度、带有负荷的成组滚动轴承，进给系统配有摩擦因数小、灵敏度高的导轨副及高灵敏度的驱动部件，所以这项精度一般都合格。

（2）端面铣刀铣削平面的精度

（3）镗孔的孔距精度和孔径分散度　镗孔的孔距精度和孔径分散度检测按图 5-2 所示进行。以快速移动进给定位精镗 4 个孔，测量各孔位置的 X 和 Y 坐标值，将实测值和指令值之差的最大值作为孔距精度测量值。对角线方向的孔距可由各坐标方向的坐标值经计算求得，或各孔插入配合紧密检验心轴后用千分尺测量求得。孔径分散度则是通过在同一深度上测量各孔 X 坐标方向和 Y 坐标方向的直径最大差值求得的。一般数控机床 X 和 Y 坐标方向的孔距精度为 0.02mm，对角线方向的孔距精度为 0.03mm，孔径分散度为 0.015mm。

（4）直线铣削精度　一般直线铣削精度的检测可按图 5-3 进行。由 X 坐标和 Y 坐标分别进给，用立铣刀侧刃精铣工件周边，测量各边的垂直度、对边平行度、邻边垂直度和对边距离尺寸差。这项精度主要考核机床各向导轨运动的几何精度。

（5）斜线铣削精度　斜线铣削精度的检测是用立铣刀侧刃精铣图 5-4 所示的工件周边。它是通过同时控制 X 和 Y 两个坐标轴来实现的，所以，该精度可以反映两轴直线插补运动的品质特性。进行这项精度检测时，有时在加工面上（两直角边上）会出现很有规律的一边密一边稀的纹理。这是由于两轴联动时，其中一轴进给速度不均匀造成的，可以通过修调该轴速度和位置控制回路来解决。少数情况下，也可能是由负载变化不均匀造成的。导轨低速爬行、机床导轨防护板不均匀摩擦，以及位置检测反馈元件传动不均匀等也会造成上述条纹。

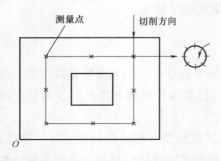

图 5-2 镗孔的孔距精度和孔径分散度　　　图 5-3 直线铣削精度的检测

（6）圆弧铣削精度　圆弧铣削精度的检测是用立铣刀侧刃精铣图 5-5 所示的外圆表面，然后在圆度仪上测出圆度曲线。一般加工中心类机床铣削 $\Phi 200 \sim \Phi 300\text{mm}$ 的工件时，圆度误差可达到 0.03mm，表面粗糙度值可达到 $Ra3.2\mu\text{m}$。

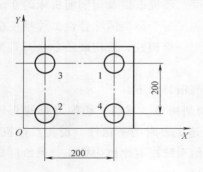

图 5-4 斜线铣削精度的检测　　　　　　图 5-5 圆弧铣削精度的检测

测量圆试件时，常会遇到图 5-6 所示的图形。对于两半圆错位的图形，一般都是由一个坐标或两个坐标的反向间隙造成的。可以通过适当地改变数控系统反向间隙补偿值或修调该坐标的传动链来解决。出现斜椭圆是由两坐标实际系统误差不一致造成的。此时，可适当地调整速度反馈增益，使位置环增益得到改善。

对于普通卧式加工中心，还应增加两个检测项目：箱体掉头镗孔同轴度和水平转台回转 90°铣四方加工精度。这里还要指出一点，现有机床的切削精度、几何精度及定位精度公差没有完全封闭，即要保证切削精度，必须要求机床的定位精度和几何精度实际值比公差要求高。

对于数控车床，切削精度检测项目主要有外圆车削时工件的圆度和直径的一致性、端面车削时端面的平面度、螺纹切削时螺距累积误差等。

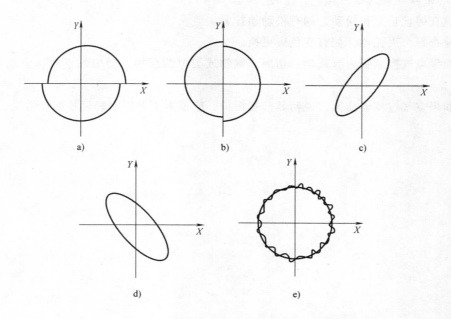

a)   b)   c)

d)   e)

图 5-6 有质量问题的圆试件

3. 安装后的维护和内部装置连接检查

（1）安装后最初阶段的维护 机床安装后的最初阶段，由于地基地面的变化和地基固化不稳定等因素，床身水平会有明显的变化，会极大地影响机床的精度。另一方面，由于最初的磨损等原因，机床极易受到污染，易引发机床事故。

机床安装后的最初阶段应采取以下维护措施：

1）试车。机床安装完成后，一定要非常谨慎地试车，试车时间约为 1h，在整个试运转期间不应使用大载荷试车。

2）检查最初阶段床身水平情况。从完成机床安装算起达到 6 个月时，应检查一次床身的水平情况；对地基变化情况的检查，应至少一个月进行一次。如果发现有任何不正常的现象，应加以纠正使其达到要求，以保证床身的水平精度。

3）6 个月后，可视变化情况适当地延长检查周期。等到变化稳定到一定程度，一年可进行 1~2 次定期检查。

（2）检查内部装置的连接情况 要对 NC 装置、主机、液压装置、控制板及其他装置进行检查，确认其电气连接是否正确。

1）检查各装置间的电气连接是否出现松动，有松动应拧紧。

2）检查机床接口和控制板上电气设备接线端子的螺钉，如有松动，应根据要求拧紧。

3）检查微型开关上接线端子的螺钉和安装螺钉有无松动，如有松动，应将其拧紧。

（3）检查电气控制板 检查电气控制板之前，一定要先关闭机床的电源，然后对各部加以检查。

1）检查每一个电气设备上的端子螺钉，如有松动应拧紧。对继电器板上的焊接件应用手轻轻拉动，以确认其是否焊牢。

2）检查熔丝盖是否松动，如有松动须拧紧。

3）检查每个灭弧器，如有变色应更换。

4）如果电气控制板内有灰尘、切屑、脏物或类似的杂物，会引发事故，应细心地将其清除。

5）如果空气过滤器变黑，说明其已受污染，应该拆下并用水轻轻地加以清洗。

项目三　数控设备的维护保养

数控设备是一种自动化程度较高、结构较复杂的先进加工设备，是企业的重点、关键设备。要发挥数控设备的高效益，就必须正确地操作和精心地维护，以保证设备的利用率。正确的操作使用能够防止机床的非正常磨损，避免突发故障；做好日常维护保养工作，可使设备保持良好的技术状态，延缓劣化进程，及时发现和消灭故障隐患，从而保证安全运行。

一、预防性维护工作的重要性

顾名思义，所谓预防性维护，就是要注意把有可能造成设备故障和出了故障后难以解决的因素排除在故障发生之前。

每台机床数控系统在运行一定时间之后，某些元器件或机械部件难免会出现一些损坏或故障现象，问题在于对这种高精度、高效益且昂贵的设备，如何延长元器件的寿命和零部件的磨损周期，预防各种事故，特别是将恶性事故消灭在萌芽状态，从而提高系统的平均无故障工作时间和使用寿命，一项重要的措施是做好预防性维护。

总之，做好预防性维护工作是使用好数控机床的一个重要环节，数控维修人员、操作人员及管理人员应共同做好这项工作。

二、预防性维护工作的主要内容

对数控机床的维护要有科学的管理方法，有计划、有目的地制订相应的规章制度。对维护过程中发现的故障隐患应及时加以清除，避免停机待修，从而延长平均无故障工作时间，增加机床的开动率。数控系统维护保养的具体内容，在随机的使用和维修手册中通常都作了规定。

维护从时间上来看，分为点检与日常维护。

1. 点检

（1）点检的种类　所谓点检，就是按有关维护文件的规定，对数控机床进行定点、定时的检查和维护。从点检的要求和内容上看，点检可分为专职点检、日常点检和生产点检三个层次，图5-7所示为数控机床点检维修过程示意图。

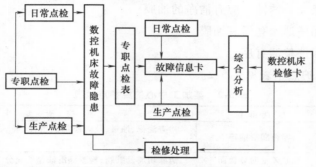

图 5-7　点检维修过程示意图

1）专职点检。负责对机床的关键部位和重要部位按周期进行重点点检和设备状态检测与故障诊断，制订点检计划，做好诊断记录，分析维修结果，提出改善设备维护管理的建议。

2）日常点检。负责对机床的一般部位进行点检，处理和检查机床在运行过程中出现的故障。

3）生产点检。负责对生产运行中的数控机床进行点检，并负责润滑等工作。

（2）点检的内容

1）安全保护装置。

① 开机前检查机床的各运动部件是否在停机位置。

② 检查机床的各保险及防护装置是否齐全。

③ 检查各旋钮、手柄是否在规定的位置。

④ 检查工装夹具的安装是否牢固可靠，有无松动位移。

⑤ 检查刀具装夹是否可靠及有无损坏，如砂轮有无裂纹。

⑥ 检查工件装夹是否稳定可靠。

2）机械及气压、液压仪器仪表。开机后让机床低速运转 3~5min，然后检查如下项目：

① 主轴运转是否正常，有无异味、异声。

② 各轴向导轨是否正常，有无异常现象发生。

③ 各轴能否正常回参考点。

④ 空气干燥装置中滤出的水分是否已经放出。

⑤ 气压、液压系统是否正常，仪表读数是否在正常值范围之内。

3）电气防护装置。

① 各种电气开关、行程开关是否正常。

② 电动机运转是否正常，有无异声。

4）加油润滑。

① 设备低速运转时，检查导轨的上油情况是否正常。

② 按要求的位置及规定的油品加润滑油，注油后将油盖盖好，然后检查油路是否畅通。

5）清洁文明生产。

① 设备外观无灰尘、无油污，呈现本色。

② 各润滑面无黑油、锈蚀，应有洁净的油膜。

③ 丝杠应洁净无黑油，亮泽有油膜。

④ 生产现场应保持整洁有序。

某加工中心的维护点检表见表5-2。

表5-2 某加工中心的维护点检表

序号	检查周期	检查部位	检查要求
1	每天	导轨润滑油箱	检查油标、油量，及时添加润滑油，确认润滑油泵能定时起动及停止
2	每天	X、Y、Z 轴向导轨面	清除切屑及脏物，检查润滑油是否充分、导轨面有无损坏
3	每天	压缩空气气源压力	检查气动控制系统压力是否在正常范围内

（续）

序号	检查周期	检查部位	检查要求
4	每天	气源自动分水滤气器和自动空气干燥器	及时清理分水器中滤出的水分，保证自动空气干燥器工作正常
5	每天	气液转换器和增压器油面	发现油面不够时及时补足油
6	每天	主轴润滑恒温油箱	工作正常，油量充足，并调节温度范围
7	每天	机床液压系统	油箱、液压泵无异常噪声，压力表指示正常，管路及各接头无泄漏，工作油面高度正常
8	每天	液压平衡系统	平衡压力指示正常，快速移动时平衡阀工作正常
9	每天	CNC的输入/输出单元	如光电阅读机清洁、机械结构润滑良好
10	每天	各种电柜散热通风装置	各电柜冷却风扇工作正常，风道过滤网无堵塞
11	每天	各种防护装置	导轨、机床防护罩等无松动、泄漏
12	每半年	滚珠丝杠	清洗丝杠上旧的润滑脂，涂上新润滑脂
13	每半年	液压油路	清洗溢流阀、减压阀、滤油器，清洗油箱箱底，更换或过滤液压油
14	每半年	主轴润滑恒温油箱	清洗过滤器，更换润滑油
15	每年	检查并更换直流伺服电刷	检查换向器表面，吹净炭粉，去除毛刺，更换长度过短的电刷，并应在跑合后使用
16	每年	润滑油泵、滤油器的清洗	清理润滑油池底，更换滤油器
17	不定期	检查各轴导轨上镶条、压滚轮松紧状态	按机床说明书调整
18	不定期	切削液水箱	检查液面高度，切削液太脏时需更换并清理液箱底部，经常清洗过滤器
19	不定期	排屑器	经常清理切屑，检查有无卡住等
20	不定期	清理废油池	及时取走滤油池中的废油，以免外溢
21	不定期	调整主轴驱动带松紧	按机床说明书调整

2. 数控系统的日常维护

数控系统维护保养的具体内容，在随机的使用和维修手册中通常都作了规定，现就共同性问题加以说明。

（1）严格遵循操作规程　数控系统编程、操作和维修人员都必须经过专门的技术培训，熟悉所用数控机床的机械系统、数控系统、强电装置、液压装置、气动装置等部分的使用环境、加工条件等；能按机床和系统使用说明书的要求正确、合理地使用机床。应尽量避免因操作不当引起的故障，通常在数控机床使用的第一年内，有1/3以上的系统故障是由操作不当引起的。

按操作规程要求进行日常维护工作。有些部位需要每天清理，有些部件需要定时加油和定期更换。

（2）纸带阅读机或磁盘阅读机的定期维护　纸带阅读机是老一代数控系统信息输入的一个重要部件。CNC系统参数、零件程序等数据都可通过它输入CNC系统的寄存器中。如果阅读机读带部分有污物，会使读入的纸带信息出现错误。所以操作者应每天对阅读头、纸带压板、纸带通道表面进行检查，用纱布蘸酒精擦净污物。对纸带阅读机的运动部分，如主动轮滚轴、导向滚轴、压紧滚轴等应每周定时清理；对导向滚轴、张紧臂滚轴等应每半年加注一次润滑油。对于磁盘阅读机磁盘驱动器内的磁头，应用专用清洗盘定期进行清洗。

（3）防止数控装置过热　定期清理数控装置的散热通风系统，经常检查数控装置上各冷却风扇工作是否正常。应视车间环境状况，每半年或一个季度检查清扫一次。

　　由于环境温度过高，造成数控装置内温度超过 55℃ 时应及时加装空调装置。在我国南方常会发生这种情况，安装空调装置之后，数控系统的可靠性会有比较明显的提高。

　　（4）经常监视数控系统的电网电压　通常，数控系统允许的电网电压变动范围为额定值的 −15% ~ +10%，如果超出此范围，轻则会使数控系统不能稳定工作，重则会造成重要电子部件损坏。因此，要经常注意电网电压的波动。对于电网质量比较恶劣的地区，应及时配置数控系统专用的交流稳压电源装置，这将使故障率有比较明显的降低。

　　（5）防止尘埃进入数控装置内

　　1）除了进行检修外，应尽量少开电气柜门，以免空气中漂浮的灰尘和金属粉末落在印制电路板和电气接插件上，它们容易造成元件间绝缘电阻下降，从而引发故障甚至使元件损坏。有些数控机床的主轴控制系统安置在强电柜中，这种情况下，强点柜门关得不严，是使电气元件损坏、在线控制失灵的一个原因。

　　2）一些已受外部尘埃、油污污染的电路板和接插件可采用专用电子清洁剂喷洗。

　　（6）存储器用电池的定期检查和更换　通常，数控系统存储参数用的存储器采用 CMOS 器件，其存储的内容在数控系统断电期间靠支持电池供电保持。一般采用锂电池或可充的镍镉电池。当电池电压下降至一定值时，就会造成参数丢失。因此，要定期检查电池电压，当该电压下降至限定值或出现电池电压报警时，应及时更换电池。一般情况下，即使电池尚未消耗完，也应每年更换一次，以确保系统能正常工作。

　　更换电池一般要在数控系统通电状态下进行，这样才不会造成存储参数丢失。一旦参数丢失，在调换新电池后，可重新将参数输入。

　　（7）备用印制电路板的定期通电　对于已经购置的备用印制电路板，应定期将其装到 CNC 系统上通电运行。实践证明，印制电路板长期不用易出故障。

　　（8）数控系统长期不用时的维护　首先，数控机床不宜长期封存，购买的机床要尽快投入生产使用。数控机床闲置时间过长会使电气元器件受潮，加快其技术性能的下降或损坏。所以，当数控机床长期闲置不用时，也应定期对数控系统进行维护保养，保证机床每周通电 1~2 次，每次运行 1h 左右，以防止机床电气元件受潮，并能及时发现有无电池报警信号，避免系统软件参数丢失。

项目四　数控机床维修的基本要求

数控机床是一种综合应用了计算机技术、自动控制技术、精密测量技术和机床设计等先进技术的典型机电一体化产品，其控制系统复杂、价格昂贵，因此对其维修人员的素质、维修资料的准备、维修仪器的使用等方面提出了比普通机床更高的要求。

一、维修人员的素质要求

维修工作开展得好坏（高的效率和好的效果）首先取决于维修人员的素质。为了迅速、准确地判断故障原因，并进行及时、有效的处理，恢复机床的动作、功能和精度，要求维修人员应具备以下基本素质。

1. 工作态度端正

维修人员应有高度的责任心和良好的职业道德。

2. 具有较广的知识面

由于数控机床是集机械、电气、液压、气动等为一体的加工设备，组成机床的各部分之间具有密切的联系，其中任何一部分发生故障都有可能影响其他部分的正常工作。而根据故障现象，对故障的真正原因和故障部位尽快进行判断，是机床维修的第一步，这是维修人员必须具备的素质；同时，如何快速判断也对维修人员素质提出了很高的要求。维修人员应具备以下知识：①掌握或了解计算机原理、电子技术、电工原理、自动控制与电机拖动、检测技术、机械传动及机加工工艺方面的基础知识；②既要懂电气知识，又要懂机械知识，电包括强电和弱电，机包括机械、液压、气动；③必须经过数控技术方面的专门学习和培训，掌握数字控制、伺服驱动及 PLC 的工作原理，懂得 NC 和 PLC 编程；④维修时为了对某些电路与零件进行现场测试，还应具备一定的工程识图能力。

3. 具有一定的外语基础和专业外语基础

一个高素质的维修人员应能对国内外多种数控机床进行维修。但国外数控系统的配套说明书、资料往往使用原文资料，数控系统的报警文本显示也以外文居多。为了能迅速地根据说明书所提供信息与系统的报警提示确认故障原因，加快维修进程，要求维修人员具备专业外语的阅读能力，以便分析、处理问题。

4. 善于学习，勤于学习，善于思考

作为数控机床维修人员，不仅要注重分析问题与经验积累，还应当勤于学习，善于学习，善于思考。国内外数控系统种类繁多，而且每种数控系统的说明书内容通常也很多，包括操作、编程、连接、安装调试、维护维修、PLC 编程等多种说明书。资料内容多，不勤于学习，不善于学习，很难对各种知识融会贯通。而每台数控机床，其内部各部分之间的联系紧密，故障涉及面很广，而且有些现象不一定反映出了故障产生的原因，作为维修人员，一定要透过故障的表象，通过分析故障产生的过程，针对各种可能产生的原因，仔细思考分析，迅速找出发生故障的根本原因并予以排除。因此，维修人员应做到"多动脑，慎动

手"，切忌草率下结论，盲目更换元器件。

5. 有较强的动手能力和试验技能

数控系统的维修离不开实际操作，首先要求维修人员能熟练地操作机床，而且要能进入一般操作者无法进入的特殊操作模式，如各种机床及有些硬件设备自身参数的设定与调整、利用 PLC 编程器监控等。此外，为了判断故障原因，维修过程中可能还需要编制相应的加工程序，对机床进行必要的运行试验与工件的试切削。另外，维修人员还应该能熟练使用维修所必需的工具、仪器和仪表。

6. 养成良好的工作习惯

维修人员应胆大心细，动手前必须有明确目的、完整的思路、细致的操作。

1）动手前应仔细思考、观察，找准切入点。

2）动手过程中要做好记录，尤其是对于电气元件的安装位置、导线号、机床参数、调整值等都必须做好明显的标记，以便恢复。

3）维修完成后，应做好"收尾"工作，如将机床、系统的罩壳，紧固件安装到位；将电线、电缆整理整齐等。

在进行系统维修时应特别注意：数控系统的某些模块是需要电池保持参数的，对于这些电路板和模块切勿随意插拔；不可以在不了解元器件作用的情况下，随意调换数控装置、伺服、驱动等部件中的器件、设定端子；不可以任意调整电位器的位置，任意改变参数设置，随意更换数控系统软件版本等，以避免造成更严重的后果。

二、必要的技术资料

维修的效果、寻找故障的准确性，也取决于维修人员对系统的熟悉程度和运用技术资料的熟练程度。所以，平时应认真整理和阅读有关数控系统的重要技术资料。

1. 数控机床使用说明书

数控机床使用说明书是由机床厂家编制并随机床提供的资料，通常包括以下与维修有关的内容：

1）机床的操作过程与步骤。

2）机床电气控制原理图。

3）机床主要传动系统及主要部件的结构原理示意图。

4）机床安装和调整的方法与步骤。

5）机床的液压、气动、润滑系统图。

6）机床使用的特殊功能及其说明等。

2. 数控系统方面的资料

应有数控装置安装、使用（包括编程）、操作和维修方面的技术说明书，其中包括：

1）数控装置操作面板的布置及其操作。

2）数控装置内部各电路板的技术要点及其外部连接图。

3）系统参数的意义及其设定方法。

4）数控装置的自诊断功能和报警清单。

5）数控装置接口的分配及其含义等。

通过上述资料，维修人员应掌握 CNC 原理框图、结构布置、各电路板的作用，板上发光管指示的意义；能够通过面板对系统进行各种操作，进行自诊断检测，检查和修改参数并能作出备份；能熟练地通过报警信息确定故障范围，对系统供维修的检测点进行测试，充分利用随机的系统诊断功能。

3. PLC 资料

PLC 是根据机床的具体控制要求而设计、编制的机床辅助动作控制软件。PLC 程序中包含了机床动作的执行过程，以及执行动作所需的条件，它表明了指令信号、检测元件与执行元件之间的全部逻辑关系。

另外，一些高档的数控系统（如国内的华中 I 型和世纪星系列、国外的 FUNAC 系统、SIEMENS 系统）可以利用显示器直接对 PLC 程序的中间寄存器状态进行动态监测和观察，为维修工作提供了极大的便利。因此，维修中一定要熟练掌握这方面的操作和使用技能。PLC 资料包括以下内容：

1）PLC 装置及其编程器的连接、编程、操作方面的技术说明书。

2）PLC 用户程序清单或梯形图。

3）I/O 地址及意义清单。

4）报警文本及 PLC 外部连接图。

4. 伺服单元的资料

伺服单元的资料是指进给伺服驱动系统和主轴伺服单元的原理、连接、调整和维修方面的技术说明书，包括以下内容：

1）电气原理框图和接线图。

2）所有报警显示信息以及重要的调整点和测试点。

3）各伺服单元参数的意义和设置。

维修人员应掌握伺服单元的原理，熟悉其连接；能从单元板上故障指示发光管的状态和显示屏上显示的报警号确定故障范围；能测试关键点的波形和状态，并进行比较；检查和调整伺服参数，对伺服系统进行优化。

5. 机床主要配套功能部分的说明书与资料

数控机床往往会使用较多的功能部件，如数控转台、自动换刀装置、润滑与冷却系统、排屑器等。这些功能部件的生产厂家一般都提供较完整的使用说明书，机床生产厂家应将其提供给用户，以便在功能部件发生故障时作为维修的参考。

6. 维修记录

维修记录是维修人员对机床维修过程的记录与总结。最理想的情况是：维修人员对自己所进行的每一步维修情况进行详细的记录，不管当时的判断是否正确。这样做不仅有助于今后的进一步维修，而且有助于维修人员的经验总结与提高。

7. 其他资料

其他资料包括有关元器件方面的技术资料，如数控设备所用的元器件清单、备件清单及各种通用的元器件手册。维修人员应熟悉各种常用的元器件，一旦需要，应能够较快地查阅有关元器件的功能、参数及使用型号，并了解一些专用元器件的生产厂家及订货编号。

以上都是在理想情况下应具备的技术资料，实际维修时往往难以保证资料完整。因此在必要时，维修人员应通过现场测绘、平时积累等方法完善、整理有关技术资料。

三、必要的维修工具与备件

合格的维修工具是进行数控机床维修的必备条件。数控机床是精密设备，不同的故障，所需要的维修工具也不尽相同。

1. 常用测量仪器、仪表

（1）万用表　数控设备的维修涉及弱电和强电，万用表不但要用于测量电压、电流、电阻值，还需要用于判断二极管、三极管、晶闸管、电容等元器件的好坏，并测量三极管的放大倍数和电容值。

（2）示波器　示波器用于检测信号的动态波形，如脉冲编码器、光栅的输出波形，伺服驱动、主轴驱动单元的各级输入、输出波形等；其次还用于检测开关电源、显示器的垂直、水平振荡与扫描电路的波形等。

数控机床维修用示波器通常选用频带宽为 10～100MHz 的双通道示波器。

（3）数字转速表　转速表用于测量与调整主轴的转速，以及调整系统及驱动器的参数，可以使编程的理想主轴转速与实际主轴转速相符，它是主轴维修与调整的测量工具之一。

（4）相序表　相序表主要用于测量三相电源的相序，它是进给伺服驱动与主轴驱动维修的必要测量工具之一。

（5）常用的长度测量工具　长度测量工具（如千分表、百分表等）用于测量机床移动距离、反向间隙值等。通过测量可以大致判断机床的定位精度、重复定位精度、加工精度等。根据测量值，可以调整数控系统的电子齿轮比、反向间隙等主要参数，以恢复机床精度。

2. 常用维修用器具

（1）电烙铁　电烙铁最常用的焊接工具之一，一般应采用30W左右的尖头、带接地保护线的内热式电烙铁，最好使用恒温式电烙铁。

（2）吸锡器　常用的是便携式手动吸锡器，也可使用电动吸锡器。

（3）扁平集成电路拔放台　扁平集成电路拔放台防静电SMD片状元件、扁平集成电路热风拆焊台、可换喷嘴等组成。

（4）旋具类　包括一字和十字螺钉旋具等。旋具宜采用树脂或塑料手柄。为了进行伺服驱动器的调整与装卸，还应配备无感螺钉旋具与梅花形六角旋具各一套。

（5）钳类工具　常用的是平头钳、尖嘴钳、斜口钳、剥线钳、压线钳、镊子。

（6）扳手类　大小活扳手，各种尺寸的内、外六角扳手等。

（7）其他工具　剪刀、刷子、吹尘器、清洗盘、卷尺等。

（8）化学用品　包括松香、纯酒精、清洁触点用喷剂、润滑油等。

3. 常用的备件

对于数控系统的维修，备品备件是必不可少的物质条件。例如，如果维修人员备有一些电路板，则会给排除故障带来许多方便，采用电路板交换法通常可以快速判断出一些疑难故障发生在哪块电路板上。

数控系统备件的配制要根据实际情况而定，通常一些易损电气元器件，如各种规格的熔断器、熔丝、开关、电刷，还有易出故障的大功率模块和印刷电路板等，均是应当配备的。

项目五　常见故障分类及其排除

数控机床是一种技术复杂的机电一体化设备，其故障发生的原因一般都比较复杂，这给故障诊断和排除带来了不少困难。为了便于故障分析和处理，本节按故障发生的部位、故障性质等对常见故障作如下分类。

一、按数控机床发生故障的部位分类

1. 主机故障

数控机床的主机部分主要包括机械、润滑、冷却、排屑、液压、气动与防护装置。常见的主机故障有：因机械安装、调试及操作使用不当等原因引起的机械传动故障与导轨副摩擦过大故障。故障表现为传动噪声大、加工精度差、运行阻力大。例如，传动链的挠性联轴器松动，齿轮、丝杠与轴承缺油，导轨塞铁调整不当，导轨润滑不良及系统参数设置不当等均可造成以上故障。尤其应引起重视的是，机床各部位标明的注油点（注油孔）须定时、定量加注润滑油（脂），这是机床各传动链正常运行的保证。另外，液压、润滑与气动系统的故障主要是管路阻塞或密封不良引起泄漏，造成系统无法正常工作。

2. 电气故障

电气故障分弱电故障与强电故障。弱电部分主要指 CNC 装置、PLC 控制器、CRT 显示器以及伺服单元、输入/输出装置等电子电路，这部分又有硬件故障与软件故障之分。硬件故障主要是指上述各装置的印制电路板上的集成电路芯片、分立元件、接插件及外部连接组件等发生的故障。常见的软件故障有：加工程序出错，系统程序和参数的改变或丢失，计算机运算出错等。强电故障是指继电器、接触器、开关、熔断器、电源变压器、电磁铁、行程开关等电气元器件及其所组成的电路故障。这部分故障十分常见，必须引起足够的重视。

二、按数控机床发生故障的性质分类

1. 系统性故障

系统性故障通常是指只要满足一定的条件或超过某一设定的限度，工作中的数控机床必然会发生的故障。这类故障现象极为常见，例如，液压系统的压力值随着液压回路过滤器的阻塞而降到某一设定参数时，必然会发生液压系统故障报警，而使系统断电停机；润滑、冷却或液压等系统由于管路泄漏引起游标下降到使用限值，必然会发生液位报警而使机床停机；机床加工中因切削用量达到某一限值时，必然会发生过载或超温报警，导致系统迅速停机。因此，正确使用与精心维护设备是杜绝或避免这类系统性故障发生的切实保障。

2. 随机性故障

随机性故障通常是指数控机床在同样的条件下工作时，只偶然发生一次或两次的故障，有的文献上称此为"软故障"。由于此类故障在各种条件相同的状态下只偶然发生一两次，因此，随机性故障的原因分析与故障诊断较其他故障困难得多。一般而言，这类故障的发生往往与安装质量、组件排列、参数设定、元器件品质、操作失误与维护不当，以及工作环境影响等诸多因素有关。例如，接插件与连接组件因疏忽未加锁定，印制电路板上的元器件松动变形或焊点虚脱，继电器触点、各类开关触头因污染锈蚀及直流电刷不良等所造成的接触不可靠等。另外，工作环境温度过高或过低、湿度过大、电源波动与机械振动、有害粉尘与气体污染等原因均可引发此类随机性故障。加强数控系统的维护检查，确保电气箱门的密封，严防工业粉尘及有害气体的侵袭等，均可避免此类故障的发生。

三、按数控机床发生故障时有无报警显示分类

1. 有报警显示的故障

这类故障又可分为硬件报警显示故障与软件报警显示故障两种。

（1）硬件报警显示故障　硬件报警显示通常是指各单元装置上警示灯（一般由 LED 发光管或小型指示灯等组成）的指示。在数控系统中，有许多用以指示故障部位的警示灯，如控制操作面板、位置控制印制电路板、伺服控制单元、主轴单元、电源单元等部位，以及光电阅读机、穿孔机等外设装置上常设有这类警示灯。一旦数控系统的这些警示灯指示故障状态后，借助相应部位上的警示灯均可大致分析判断出故障发生的部位与性质，这无疑给故障分析诊断带来了极大方便。因此，维修人员进行日常维护和排除故障时应认真检查这些警示灯的状态是否正常。

（2）软件报警显示故障　软件报警显示通常是指 CRT 显示屏上显示出来的报警号和报警信息。由于数控系统具有自诊断功能，一旦检测到故障，即按故障的级别进行处理，同时在 CRT 上以报警号形式显示该故障信息。这类报警显示常见的有存储器警示、过热警示、伺服系统警示、轴超程警示、程序出错警示、主轴警示、过载警示及短路警示等，通常少则几十种，多则上千种，这无疑为故障判断和排除提供了极大的帮助。

上述软件报警有来自 NC 的报警和来自 PLC 的报警，前者为数控部分的故障报警，可通过所显示的报警号，对照维修手册中有关 NC 故障的报警及说明，来确定可能产生该故障的原因。后者由 PLC 的报警信息文本所提供，大多数属于机床侧的故障报警，可通过所显示的报警号，对照维修手册中有关 PLC 故障的报警信息、PLC 接口说明及 PLC 程序等内容，检查 PLC 有关接口和内部继电器状态，确定该故障产生的原因。通常，PLC 报警发生的可能性要比 NC 报警高得多。

2. 无报警显示的故障

这类故障发生时无任何硬件或软件的报警显示，因此分析诊断难度较大。例如，机床通电后，在手动方式或自动方式运行 X 轴时出现爬行现象，无任何报警显示；又如，机床在自动方式运行时突然停止，而 CRT 显示器上无任何报警显示；另外，在运行机床某轴时发生异常声响，一般也无报警显示。一些早期的数控系统由于自诊断功能不强，尚未采用 PLC 控制器，无 PLC 报警信息文本等原因，出现无报警显示故障的情况会多一些。

对于无报警显示故障，通常要具体情况具体分析，要根据故障发生的前后变化状态进行分析判断。例如，上述 X 轴在运行时出现爬行现象时，可首先判断是数控部分故障还是伺服部分故障。具体做法是：在手摇脉冲进给方式下，可均匀地旋转手摇脉冲发生器，同时分别观察比较 CRT 显示器上 Y 轴、Z 轴与 X 轴进给数字的变化速率。通常，如数控部分正常，则三个轴的上述变化速率应基本相同，从而可确定爬行故障是 X 轴的伺服部分还是机械传

动所造成的。

四、按数控机床发生故障的原因分类

1. 数控机床自身故障

这类故障的发生是由数控机床自身的原因引起的，与外部使用环境条件无关。数控机床所发生的极大多数故障均属于此类故障。

2. 数控机床外部故障

这类故障是由外部原因造成的。例如，数控机床的供电电压过低，波动过大，相序不对或三相电压不平衡；周围的环境温度过高，有害气体、潮气、粉尘侵入；外来振动和干扰，如电焊机所产生的电火花干扰等，均有可能使数控机床发生故障。还有人为因素所造成的故障，如操作不当，手动进给过快造成超程报警，自动切削进给过快造成过载报警等。又如，操作人员不按时按量给机床机械传动系统加注润滑油，易造成传动噪声或导轨摩擦因数过大，而使工作台进给超载。据有关资料统计，首次采用数控机床或由不熟练工人来操作，在使用的第一年内，由操作不当所造成的外部故障占总故障的 1/3 以上。

除上述常见故障分类外，还可按故障发生时有无破坏性分类，可分为破坏性故障和非破坏性故障；按故障发生的部位分类，有数控装置故障，进给伺服系统故障，主轴系统故障，刀架、刀库、工作台故障等。

五、数控机床故障的排除思路

数控系统的型号很多，产生故障的原因往往比较复杂，这里介绍故障处理的一种思路，其程序大致如下。

1. 确认故障现象

调查故障现场，充分掌握故障信息。当数控机床发生故障时，维修人员进行故障确认是很有必要的，特别是在操作使用人员不熟悉机床的情况下，这点尤其重要。非专业人员不可随意开动机床，特别是出现故障后机床，以免故障进一步扩大。

专业维护维修人员在数控系统出现故障后，也不要急于动手盲目处理，首先要查看故障记录，向操作人员询问故障出现的全过程。在确认通电对系统无危险的情况下，再通电观察，特别要注意确定以下主要故障信息：

1）故障发生时的报警号和报警提示，指示灯和发光管指示了何种报警。

2）如无报警，系统处于何种工作状态，系统的工作方式和诊断结果如何。

3）故障发生在哪个程序段，执行何种指令，故障发生前进行了何种操作。

4）故障发生在何种速度下，机床轴处于什么位置，与指令值的误差量有多大。

5）以前是否发生过类似故障，现场有无异常现象，故障是否重复发生。

6）观察系统的外观、内部各部分是否有异常之处。

2. 明确故障

1）根据所掌握的故障信息，明确故障的复杂程度，并列出故障部位的全部疑点。

2）在充分调查现场，掌握第一手材料的基础上，把故障问题正确地列出来。

3. 分析故障原因，制订排除故障的方案

分析故障时，维修人员不应局限于 CNC 部分，而是要对机床强电、机械、液压、气动

等方面都作详细的检查，并进行综合判断，制订出故障排除方案，达到快速确诊和高效率排除故障的目的。

4. 检测故障，逐级确定故障部位

根据预测的故障原因和预先确定的故障排除方案，用试验的方法进行验证，逐级定位故障部位，最终找出故障的真正发生源。

5. 故障的排除

根据故障部位及准确的原因，采用合理的故障排除方法，高效、高质量地恢复故障现场，尽快让机床投入生产。

6. 排除故障后资料的整理

故障排除后，应迅速恢复机床现场，并做好相关资料的整理工作，以便提高自己的业务水平和方便机床的后续维护与维修。

六、故障排除应遵循的原则

在故障检测过程中，应充分利用数控系统的自诊断功能，如系统的开机诊断、运行诊断、PLC监控功能等，根据需要随时检测有关部分的工作状态和接口信息。同时，还应灵活应用数控系统故障检查的一些行之有效的方法，如交换法、隔离法等。另外，排除故障时还应遵循以下原则。

1. 先方案后操作（或先静后动）

维护维修人员遇到机床故障后，应先静下心来，考虑出分析方案再动手。维修人员本身要做到先静后动，不可盲目动手，应先询问机床操作人员故障发生的过程及状态，阅读机床说明书、图样资料后，再动手查找和处理故障。否则容易破坏现场导致误判或引入新的故障而导致更严重的后果。

2. 先安检后通电

确定方案后，对有故障的机床仍要秉着先静后动的原则，先在机床断电的静止状态，通过观察、测试、分析确认为非恶性循环性故障或非破坏性故障后，方可给机床通电，在运行工况下进行动态的观察、检验和测试，查找故障。对于恶性的破坏性故障，必须先排除危险后方可通电，在运行工况下进行动态诊断。

3. 先软件后硬件

当发生故障的机床通电后，应先检查软件的工作是否正常。有些可能是由软件的参数丢失或操作人员使用方式、操作方法不当而造成的报警或故障。切忌直接"大拆大卸"，这样容易造成更严重的后果。

4. 先外部后内部

数控机床是机械、液压、电气一体化的机床，故其故障的发生必然会从机械、液压、电气这三者综合反映出来。数控机床的检修要求维修人员掌握先外部后内部的原则，即当数控机床发生故障后，维修人员应先采用望、闻、听、问等方法，由外向内逐一进行检查。例如，在数控机床上，外部的行程开关、液压气动元件及印制电路板插座、边缘接插件与外部或相互之间的连接部位，电控柜插座或端子排等机电设备之间的连接部位，因其接触不良造成信号传送失灵，是引发数控机床故障的重要因素。此外，由于工业环境中温度、湿度变化较大，油污或粉尘对元件及线路板的污染，机械的振动等，对信号传送通道的接插件都将产生严重影响。在检修中应重视这些因素，首先检查这些部位就可以迅速排除较多的故障。另外，应尽量避免随意启封、拆卸，不适当的大拆大卸，以免扩大故障，使机床丧失精度、降低性能。

5. 先机械后电气

数控机床是一种自动化程度高、技术较复杂的先进机械加工设备。一般来讲，机械故障较易察觉，而数控系统故障诊断的难度则要大些。先机械后电气就是在数控机床的检修中，首先检查机械部分是否正常，行程开关是否灵活，气动、液压部分是否正常等。从经验看来，数控机床的故障中有很大部分是由机械动作失灵引起的。所以，在故障检修之前，应首先逐一排除机械性的故障，这样往往可以达到事半功倍的效果。

6. 先公用后专用

公用性的问题往往影响全局，而专用性的问题则只影响局部。例如，若机床的几个进给轴都不能运动，则应先检查和排除各轴公用的 CNC、PLC、电源、液压等公用部分的故障，然后设法排除某轴的局部问题。又如，电网或主电源故障是全局性的，因此一般应首先检查电源部分，看熔丝是否正常、直流电压输出是否正常。总之，只有先解决主要矛盾，局部的、次要的矛盾才有可能迎刃而解。

7. 先简单后复杂

当多种故障相互交织掩盖、一时无从下手时，应先解决容易的问题，后解决难度较大的问题。在解决简单故障的过程中，难度大的问题也可能变得容易，或者在排除简易故障时受到启发，对复杂故障的认识更为清晰，从而也有了解决办法。

8. 先一般后特殊

在排除某一故障时，要先考虑最常见的可能原因，然后分析很少发生的特殊原因。例如，当数控车床 Z 轴回零不准时，常常是由降速挡块位置走动造成的。一旦出现这一故障，应先检查该挡块的位置，在排除这一常见的可能性原因之后，再检查脉冲编码器、位置控制等环节。

总之，在数控机床出现故障后，应视故障的难易程度及故障是否属于常见性故障，合理地采用分析问题和解决问题的方法。

参 考 文 献

[1] 杨仲冈. 数控设备与编程 [M]. 2版. 北京：高等教育出版社, 2005.

[2] 乐崇年, 朱求胜. 数控线切割机床编程与加工技术 [M]. 北京：清华大学出版社, 2009

[3] 赵万生. 特种加工技术 [M]. 北京：高等教育出版社, 2001.

[4] 丛文龙, 张祥兰. 数控特种加工技术 [M]. 北京：高等教育出版社, 2005.

[5] 李立. 数控线切割加工实用技术 [M]. 北京：机械工业出版社, 2008.

[6] 吴祖育, 秦鹏飞. 数控机床 [M]. 3版. 上海：上海科学技术出版社, 2009.

[7] 李攀峰. 数控机床维修工必备手册 [M]. 北京：机械工业出版社, 2010.